中国石油大学(华东)学术著作出版基金重点资助

激光熔覆修复再制造技术

Repair and Remanufacturing Technology
Based on Laser Cladding

刘衍聪　伊　鹏　石永军　著

科 学 出 版 社

北 京

内 容 简 介

　　本书以基于激光熔覆的铸铁装备表面修复再制造研究为主要内容,采取理论分析、数值模拟与实验研究相结合的方法,对激光再制造方法及工艺过程进行探索,解决其中涉及的关键理论和技术问题;对基材修复区、结合区等各典型区域的显微组织特性及其转变、驱动机制和工艺影响因素及其影响规律等进行研究;分析修复区结合强度及局部断裂韧性;探索激光工艺参数对基体石墨及环境相的影响机制并对工艺进行优化。基于研究成果,形成针对灰铸铁材料表面的激光熔覆修复方法和工艺,为铸件装备表面的缺陷修复和改性再制造提供理论和技术支持。

　　本书可以作为机械工程类、材料科学与工程类专业研究生的教学用书,也可供相关专业的教师、工程技术人员参考。

图书在版编目(CIP)数据

激光熔覆修复再制造技术 = Repair and Remanufacturing Technology Based on Laser Cladding / 刘衍聪,伊鹏,石永军著.—北京:科学出版社,2018.6
　ISBN 978-7-03-056774-1

　Ⅰ.①激… Ⅱ.①刘… ②伊… ③石… Ⅲ.①激光熔覆－研究
Ⅳ.①TG174.445

　中国版本图书馆CIP数据核字(2018)第047013号

责任编辑:万群霞　张晓云 / 责任校对:彭　涛
责任印制:吴兆东 / 封面设计:无极书装

科 学 出 版 社 出版
北京东黄城根北街 16 号
邮政编码:100717
http://www.sciencep.com

北京厚诚则铭印刷科技有限公司 印刷
科学出版社发行　各地新华书店经销
*
2018 年 6 月第 一 版　开本:720×1000 1/16
2022 年 10 月第六次印刷　印张:11 1/2
字数:228 000
定价:98.00 元
(如有印装质量问题,我社负责调换)

序

灰铸铁材料成本低、易加工，有良好的抗振和导热等性能，是工业生产中重要的工程材料。由于该材料一般工作在重载荷或环境恶劣的工况下，每年有大量的铸铁件装备因磨损和腐蚀破坏而失效。基于激光再制造技术的局部修复技术具有工艺可控性高、材料热影响小的技术特点，可用于灰铸铁基体表面制备修复或改性强化，实现铸件装备的快速循环服役，从而显著降低装备维护成本并延长其使用寿命，对于装备制造业的循环经济和可持续发展具有较强的现实意义。

刘衍聪教授及其研究团队对铸件装备和板材表面的激光修复、改性及成形再制造问题开展了多年深入的研究探索，在表面修复和减磨、耐磨性能改善等方面取得了很大进展，运用创新实验方法研究了激光熔区多相分布特征、熔区石墨组织及其环境相耦合行为规律，建立了多相耦合分析模型，改进了激光热修复工艺；并将熔层强度表现纳入工艺质量评价体系，通过对熔层强度及性能分析，提出了修复和改性层的结合强度定量测试评价方法和激光局部自预热及缓冷策略，为高质量激光修复提供了科学依据及技术支持。

该著作以基于激光熔覆的铸件装备表面热修复再制造过程为基础，展示了灰铸铁材料激光熔覆修复理论、数值和实验研究方法及过程，激光能量作用下灰铸铁材料组织特性及行为规律、工艺环节、辅助措施对激光修复过程的影响规律，以及激光熔区石墨及环境相的行为规律和修复工艺的影响机制，包括其形态可控优化方法、通过多种创新研究手段获得的详实分析数据、基于分析和系统科学认证取得的一系列科学结论。愿该著作的出版为推动我国铸铁件装备激光修复技术的发展做出积极贡献！

郭芳

中国科学院院士

2018 年 3 月

前　言

　　铸铁材料成本低、易加工，具有良好的抗振和导热等性能，一直是工业生产中重要的工程材料。然而由于缺乏有效且低耗的修复手段，铸件装备服役过程中出现的表面裂纹等缺陷常造成装备快速失效，从而整体丧失服役能力，限制了该类材料的广泛应用，同时又因其材料成分复杂和类缺陷物相分布等固有性质，堆焊等传统热修复手段难以发挥有效作用，若能突破其修复技术局限，形成铸件装备表面的有效低耗修复，达到材料和性能的优化组合，对于机械装备制造业将具有巨大的现实意义。随着 20 世纪末激光器进入高速发展时期，激光加工技术作为提高生产效率与产业竞争力的重要手段。其中，基于激光熔凝、熔覆的热修复技术是重要组成部分，利用高能量密度的激光束作用于材料表面，使基体与修复层形成良好的冶金结合，从而恢复其服役性能，能够显著降低装备的制造和维护成本，并逐渐成为研究和应用热点。

　　笔者长期从事激光熔覆、修复再制造方向的研究工作，主持或参与国家自然科学基金、山东省自然科学基金等省部级课题十余项，在国内外知名期刊、国际学术会议发表论文三十余篇，本书是笔者及其科研团队十余年从事铸件装备激光熔覆修复技术研究和应用工作的总结。

　　本书所述研究及专著出版得到了国家自然科学基金、山东省自然科学基金和中国石油大学(华东)学术著作出版基金等多方面的资助，在此一并表示感谢。本书所著内容来源于本课题组的团队研究成果，在此向许鹏云、范常峰、杨光辉、战祥华、刘本良等课题组研究人员表示感谢。在本书编写过程中，查阅、参考了大量的国内外学术文献，谨向这些文献的作者、编者表示衷心的感谢！

　　鉴于笔者水平和经验所限，书中难免有不妥之处，恳请专家、读者批评指正。

作　者

2018 年 2 月

目　　录

第1章 绪 论

激光修复是目前修复领域中的重要技术，具有其独特的技术特性，应用前景广阔，因此，有必要对该项技术中涉及的激光熔凝、熔覆过程的国内外研究现状进行深入调研，重点分析激光能量热作用机制、修复方法和工艺等方面的研究和应用。

1.1 激光修复技术的发展

激光熔覆技术是绿色加工再制造领域内重要的组成部分[1]，其通过激光束辐照熔覆粉末和基体，使熔覆粉末和基体表面薄层迅速熔化，并快速凝固形成冶金结合的表面涂层，从而显著改变和提升基体表面性能[2]。相比传统的堆焊、热喷焊、热喷涂等改性方法，激光熔覆技术具有诸多优势[3]：①热输入集中，加热速度快，热影响区较小，工件的变形较小；②激光熔覆能够实现基体与熔覆粉末的冶金结合且稀释率低，冷却速度快，修复层组织细小致密，性能优良；③熔覆粉末选择范围广泛，工艺过程可控性强。

激光熔覆中常用的激光器有三种：CO_2 激光器、Nd:YAG 激光器和半导体激光器[4]。CO_2 激光器的输出功率较高，在激光熔覆中有着广泛的使用；Nd:YAG 激光器波长较短，基体对激光吸收率高，提高了能量使用效率，其光束由光纤传输，可实现熔覆过程柔性化，工艺稳定性较好；半导体激光器的电-光转换效率高达 50%[5]，熔覆效率较高，已用于多种不锈钢粉末的熔覆过程[6]。

熔覆粉末的添加主要分为同步送粉法和预置粉末法。预置粉末法是将待熔覆粉末预先涂覆在基体表面，之后使用激光束照射基体和预置粉末，使两者同时熔化、凝固并形成冶金结合。该方法操作简单，但不易控制基体熔化深度，容易导致稀释率过大和多道搭接时的翘曲现象[6]。同步送粉法是指在激光熔覆过程中，通过送粉器将熔覆粉末引入激光作用区。相比预置粉末法，同步送粉法的粉末添加方式简单，可灵活调控送粉参数，提高了熔覆粉末的利用效率[6]，易控制和实现自动化，是今后送粉方式的重要发展方向。

现今大量应用的熔覆粉末主要包括铁基、镍基、钴基等自熔性合金粉末及金属陶瓷复合粉末[7]。根据修复试样的性能要求，铁基、镍基、钴基等熔覆合金多用于耐磨、耐蚀、抗热疲劳的零件。此外，通过在金属基粉末中添加陶瓷相（WC、TiC、SiC），可制备金属陶瓷复合粉末，可极大地提高材料的硬度、耐磨性和化学稳定性等。

激光热修复以激光熔凝、熔覆为理论基础，是一个远离平衡态的快速加热、快速冷却的复杂物理、化学冶金过程。自 1974 年 Seaman 获得激光熔覆工艺专利以来，激光熔凝、熔覆至今已有近四十年的研究，而激光热修复技术则是在近三十年激光熔覆充分发展的前提下逐渐得到重视，并进行了大量研究。因此，根据这一脉络，下面分别从激光熔凝、熔覆仿真模拟、铸铁表面激光熔覆改性和激光热修复工业应用等方面，对该项技术所涉及的研究基础和现状进行整理分析。

1.1.1　激光熔凝和熔覆过程的数学表达

激光光束在材料表面形成的光斑能量密度极高，形成了极小的熔池和巨大的温度梯度，用实验方法来研究热作用机制及其熔池流动和温度、应力分布十分困难，并且成本较高[8-11]。计算机技术的发展使数值模拟技术在材料领域得到了广泛的应用，为研究熔覆过程中复杂物理冶金现象提供了有效手段，同时通过对比分析可以得到优化的工艺参数配置及其影响关系，可有效节约实验费用和缩短研究周期。因此长期以来，激光能量的热作用理论研究多采用数学分析和数值模拟方法进行，并经历了从一维到三维，从导热控制的温度场到对流控制的温度场，从仅计算熔池到综合考虑粉末与激光、基体相互作用等一系列简单到复杂的过程。

激光热加工数学模型，在研究初期多采用移动光源条件下的导热控制模型，即在基体内部能量方程只考虑扩散项不考虑对流项，主要是因为基体热物性参数是重要的影响因素，当基体材料的导热系数较大时，基体与环境的对流影响相对来说并不显著，可以采用导热控制的数学模型；此外，当光斑简化为点热源时，熔池相对基体尺寸来说非常小，工件整体温度场的变化是研究重点，采用导热控制的数学模型不会带来太大的误差。

早期的模型分析受计算手段所限，以二维的解析求解为主，Jaeger[12]推导了移动热源扫描无限大表面时的温度分布解析方程，Rosenthal[13]、Carslaw 和 Jaeger[14]发展了该移动热源理论，对不同形状光斑在半无限大基体上的热作用给出了确定解。考虑高斯分布的移动圆形热源光斑，Cline 和 Anthony[15]假设几何尺度无限大、热物性参数不随温度变化，将冷却速率、熔化深度、扫描速度和激光功率联系起来，用格林函数法求解了导热方程。但当熔池深度与基体厚度相当时，基体的半无限大假设就不再成立了。为了解决这一问题，研究者们又开始发展有限厚度基体的求解方法。Pittaway[16]求解了绝热薄盘在静止和移动圆形高斯光束下的温度场，Lolov[17]采用同种热源求解了有限深度、无限宽度绝热体的线性热响应问题。国内雷剑波等[10]利用热源函数法计算了 Cu 合金表面激光熔凝温度场，采用瞬态有限大热源并得到了热源作用后的温升公式，对这一类公式进行积分便可以得到任意位置温度的解析解。

虽然解析解的意义明确，但其应用仅限于某些特殊情况，且需要进行较多假设，使其结果有可能偏离实际问题，而数值方法在一定程度上可有效弥补上述缺陷。1980 年，Mazumder 和 Steen[18]采用数值方法求解了激光材料加工的三维传热模型，随后 Chande 和 Mazumder[19]又对该模型进行了修正。Kou 等[20]假设固液两态下材料的热物性参数为等值常数，建立了球坐标系下移动光源的准稳态三维数值模型，能量方程通过焓进行表达；Gadag 等[21]借鉴前人的研究提出了三维准稳态数值模型用于模拟凝固行为。上述模型采用数值方法可以方便地处理方程的非线性项，根据不同情况分别假设热物性为常数或随温度变化，其特点是能量方程不含对流项并大多采用有限体积法进行数值求解。

随着大功率激光器的发展，激光束能量密度不断提高，激光能量与基体或修复层材料作用时间延长，可以获得更大的熔池尺寸和熔透深度，这在某些加工领域如激光深熔焊等方面应用较多，此时熔池的形成、发展及内部熔质的对流等现象更为人们所关心，因此以熔池作用为研究重点的熔池对流控制模型也进一步得到开发和应用。熔池内部熔质为液态金属，表面与空气接触，由于气体的黏性小，在气-液系统中气体的流动可以忽略，其界面认为是热毛细自由表面，熔池内部的液态金属在浮升力及表面张力等的驱动下形成对流，是熔池中合金混合及成分控制的主要驱动力，进而影响熔池的几何形貌及加工质量，如表面波纹、疏松和冶金结合状态等，因此在对流控制的激光熔凝、熔覆数学模型中，控制方程组中含有能量和动量方程，其中还含有对流项。

Hoadley 和 Rappaz[22]总结了前人的研究结果，建立了如图 1-1 所示的二维激光熔覆有限元模型，较具有代表性，给出了基体温度场的准稳态数值模型，计算中考虑了液态熔池变化和气液自由表面的形状及位置，但为了简化模型，认为基体熔化极少并采用激光的线能量形式，从而得到了激光功率、扫描速度和修复层厚度的近似线性关系。

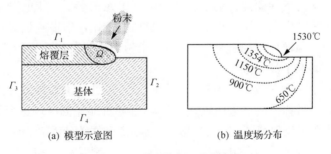

(a) 模型示意图   (b) 温度场分布

图 1-1 激光熔覆二维模型

Γ_1、Γ_2、Γ_3、Γ_4 分别为边界表面的传热条件

Cho 等[23]建立了激光熔覆三维数值模型，该模型也是目前常用的同步送粉熔覆三维模型，如图 1-2 所示，并与 Hoadley 和 Rappaz[22]的研究进行对比，讨论了相变潜热的影响，发现计算中引入熔化潜热的影响可有效提高模型精度。模型中

考虑了相变潜热和蒸发导致的热损失影响，激光能量由混合的 Gaussian 和 Doughnut 体热源模式进行表达；综合了 Voller 和 Prakash[24]的研究成果并给出了 Cartcsian 坐标系下熔池区域的连续、动量和能量控制方程，结合其边界条件设定方法，为激光加工的数值研究广泛采用。模型用 Hsu 等[25]的 SIMPLER 算法进行离散求解，得到了熔池轮廓曲线、温度场及熔质速度场。

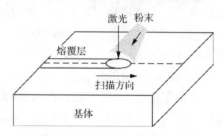

图 1-2　激光熔覆三维模型

　　Jendrzejewski 等[26]在基体 $X_{10}Cr_{13}$ 上熔覆钴基合金，讨论了预热温度对修复层温度场和应力场的影响，对其温度特性采用线性近似，经预热基体修复层其热应力值由 1800MPa 降为 900MPa，且得到了无裂纹修复层。Toyserkani 等[27]及同课题组的 Alimardani 等[28]通过改进上述模型及其控制方程，建立了三维瞬态有限元模型，实现了多层激光熔覆过程的数值模拟，其研究细致地展示了粉末的熔凝过程，该模型能够预测动态的修复层形貌，同时讨论了光斑形状、扫描速度、脉冲能量、粉末注入速度和预热温度等因素的影响。

　　在明确了激光熔凝机制的基础上，进一步引入修复层材料的作用，可解决具体的激光加工问题。意大利巴里大学 Palumbo 等[29]对发动机阀门座合金密封环面进行了激光熔覆过程的瞬稳态三维模拟，采用热-结构的分步耦合分析方法明确了熔覆温度场和应力场的变化，通过激活修复层单元实现了粉末的动态添加，并在修复层和基体之间引入热阻层以更符合稀释率的变化，但在热边界条件中没有采用激光能量的热源模型，且在热应力分析中未考虑修复层和基体的塑性变形影响，在一定程度上影响了其模拟的准确性。

　　国内的众多学者在激光熔覆的数值模拟方面也进行了大量研究工作[30-33]，田宗军等[30]、席明哲和虞钢[33]采用该方法对 45 钢激光重熔温度场进行了研究；沈以赴等[31]通过有限元法研究了 45 钢 Ni 基合金激光烧结的温度场；陈泽民等[32]对 Q235 钢激光熔覆合金预置层的温度场进行了模拟研究；席明哲和虞钢[33]则分析了激光加工过程中激光作为能量源和加工表面的作用机制，给出了激光热处理过程的温度场变化和传质过程。

　　激光熔凝、熔覆过程是激光热修复技术研究和应用的基础，丰富和完善相关基础理论是进一步给出激光热修复数值模型的前提，虽然限于实验条件，材料在高温条件下的热物理性能参数较缺乏,但温度场的模拟已达到了较高的精度,所获得的规律具有重要的指导和借鉴意义。

1.1.2 铸铁表面的激光改性研究

由于灰铸铁是一种低成本的工程材料,铸造性能和机械加工性能好,其本身又具有优良的减振性和自润滑特性,有学者利用激光熔凝、熔覆技术在灰铸铁表面进行激光改性研究,以期在廉价的灰铸铁基体上制备昂贵的高性能合金层,这样既降低装备的整体成本,又能获得综合的材料属性。这些研究为灰铸铁的激光热修复提供了一定的参考,具有借鉴意义,因此本书对部分较有意义的研究工作进行了概述。

由于激光的快速加热和凝固的技术特点,熔层具有特殊的组织结构,形成的非平衡组织一般非常细密,基体固溶度增大,促进了优异性能改性层的形成。灰铸铁材料表面的激光改性研究正在成为研究热点之一,通过激光合金化可得到性能优异的耐磨、耐蚀强化层。骆芳等[34]在灰铸铁表面进行了多层 Ni 基合金的熔覆实验,获得了良好的表面性能;栾景飞等[35-36]、栾景飞和严密[37-38]针对灰铸铁表面激光熔覆的裂纹特性进行研究,并提出了裂纹控制方案;张庆茂和刘文今[39]运用激光陶瓷合金化技术强化球墨铸铁活塞环,可获得高质量的耐磨环,其过程热效应小,有利于减少活塞环的变形。另外,刘文科和柏朝茂[40]着重研究了合金化粉末中不同比例 WC 对合金化层组织和性能的影响规律,在铸铁表面熔覆不同比例的 WC 陶瓷 C-Si-B-Re 共晶涂料,在激光束的扫描下形成厚度为 10~12mm 的合金层,W 固溶于合金化层或与其他合金元素构成复合碳化物,显著提高了硬度和耐磨性能,可获得硬度高、耐磨性好、无裂纹缺陷的修复层。Ocelik 等[41]利用类似 Stellite 6 的 Co 基合金在灰铸铁表面进行了激光熔覆处理,通过调整加工参数降低了修复层缺陷率,同时也提高了其机械性能;Tong 等[42-44]、Zhao 等[45]及借鉴仿生学利用激光熔凝、熔覆在灰铸铁表面制备了多种呈特殊分布的非光滑表面,获得了优越的抗热疲劳特性和耐磨性能,后续的研究中该小组又制备了 Fe30A、Ni45 和 Co50 自熔性合金及添加 WC 硬质相的 Ni 基合金等非光滑修复层,均获得了较为优良的机械特性,这些以铸铁表面熔覆改性为目的的实验研究为激光热修复技术的应用提供了理论基础和新的思路。

1.1.3 激光热修复的应用研究

早期的激光热修复由于成本较高,其研究和应用主要集中于高附加值的航空航天领域,激光熔覆技术在机械部件修复上的成熟运用始于 GE 公司[46],20 世纪 80 年代末采用 5kW 的 CO_2 激光修复了高压涡轮叶片的叶尖,后来 Liburdi Engineering 公司[47,48]在 JT8D 发动机转子叶片的叶尖与叶冠的修复上进行研究,并发展了一套激光热修复系统。德国马达和燃气轮机联合公司与汉诺威激光研究中心[49]发展了激光堆焊技术用于涡轮叶片冠部阻力面的几何恢复。俄罗斯航空发动机工艺研究所[47]对燃气涡轮发动机钛合金和镍基合金零件的修复进行了大量研究，解决了镍基合金制造的燃气涡轮发动机工作叶片的端面修复问题。美国宾州大学应用研究实验室[50]在美国海军制造技术部的支持下，研制了便携式 1800W 的 Nd:YAG 激光加工系统，利用光纤柔性快速传输与机器人结合进行激光原位加工修整，具有重要的军事意义。

国内的激光修复加工技术应用起于 1990 年，中国科学院金属腐蚀与防护研究所王茂才和吴维强[46]、Serton 等[51]对 WP7-201 发动机叶片平行冠磨损减尺进行修复，他们多年来在激光修复方面进行了大量基础实验与工程应用研究，如叶片叶尖的激光接长修复、叶片冠部阻尼面的激光强化与修复、导向器叶片缺陷的激光显微无损补焊和整体构件的激光熔焊修复等。黄庆南等[48]对磨蚀失效的某涡轮叶冠工作面进行激光修复处理，通过结合力实验、耐磨和氧化、腐蚀实验确认修复效果良好。华中科技大学叶和清等[52]采用双光束激光修复发动机叶片 K417 的表面裂纹，并研究了修复区域的组织与相结构。

贵州大学的刘其斌等[53]采用自配的添加稀土氧化物 Y_2O_3 和复合变质剂的镍基合金粉末，对航空发动机叶片的铸造缺陷进行激光热修复，修复层内原位析出了微米或亚微米白色颗粒相，组成相为基体相 γ-Ni、六方结构的 W_2C、MoC 和面心立方的 TiC。徐松华等[54]研究了直升机涡轮导向器叶片的激光修复技术，以四级涡轮导向器分解叶片为基材，以镍基合金为修复材料，在激光功率为 1～2kW、扫描速度为 2～15mm/s、光斑直径为 1～3mm 的参数条件下，给出了修复层的表面成形、显微硬度及微观组织形貌。结果表明，激光热修复处理得到了组织细密、与基体呈良好冶金结合且无明显微观裂纹的修复层。

随着激光器的不断发展和激光加工技术研究的深入，激光的熔覆、修复成本逐渐降低，进一步拓展了其应用领域。郑州大学杨坤等[55]采用激光熔覆技术对机车连杆大头定位齿的裂纹修复进行了实验研究，通过优化选取合金粉末和工艺条件，修复部位具有良好的塑性、韧性，能够达到工件再使用的技术要求。中国矿业大学的马向东等[56]采用激光熔覆对冷作模具进行修复，对 Cr12 模具钢分别采用铁基和镍基自熔性合金粉末进行激光修复实验，结果表明，修复层与基体间实现了很好的冶金结合，铁基修复层的耐磨性较高。西北工业大学的林鑫等[57]针对 Ti-6Al-4V 钛合金在加工和服役过程中的损伤特点进行了激光快速修复研究。激光修复区与锻件基体形成致密冶金结合，Al、V 合金元素从锻件基体到激光修复区均匀分布，无宏观偏析，而且激光修复试样的硬度和强度高于基体。另有北京工业大学、上海交通大学等多个课题组[58,59]分别针对汽轮机汽蚀叶片、轴类和轧辊表面的激光热修复进行了研究，均在基体表面获得了结合良好的修复层，恢复了零部件使用性能，延长了设备寿命。

1.2 灰铸铁装备材料性质及裂纹失效分析

灰铸铁是应用较早的结构材料,与钢材相比具有更为良好的耐磨性、减振性、低缺口敏感性及优良的铸造、机械加工性能等,因此大量机械装备中的承重、支撑类结构部件如箱体、底座等,主要的铸造用材料即为灰铸铁[60,61]。作为一种重要的工程结构材料,它在机械工业中占有重要位置,它不仅具有悠久的历史,也是当今社会文明和材料发展与应用的重要支柱之一,因而灰铸铁材料的相关处理技术一直受到各国工业、学术界的重视和关注。

1.2.1 灰铸铁装备的材料及组织特性

灰铸铁材料因显微组织的不同,主要可分为珠光体灰铸铁、珠光体-铁素体灰铸铁和铁素体灰铸铁三种[60]。珠光体灰铸铁以珠光体为基体组织,均匀分布着细小的石墨片,其强度、硬度相对较高;珠光体-铁素体灰铸铁是在珠光体和铁素体的混合基体上,分布着较大的石墨片,尽管强度、硬度比前者低,但具有优良的铸造和减振性能,且便于熔炼,应用最为广泛;铁素体灰铸铁则是在铁素体基体上分布着粗大的石墨片,其强度、硬度较差。

灰铸铁属于铁基高碳多元合金,其常存元素除 Fe 以外,一般还有 2%~4%的 C、1%~3%的 Si 及少量的 Mn、P、S 等元素。C 通常以三种状态存在,即以石墨晶体单独存在、与 Fe 形成多元化合物和溶入 α-Fe、γ-Fe 以固溶状态存在[61,62]。由于化学成分和结晶条件不同,铸铁的液-固相变有二重性,凝固后产生不同的高碳相,即不稳定相渗碳体和稳定相石墨。渗碳体组织在高温下发生分解,分解出来的 C 大部分转变为石墨晶体。根据形成的不同组织成分,凝固后形成的灰铸铁具有不同的性能表现[63,64],表 1-1 中为灰铸铁的主要类型及性能特点。

表 1-1 灰铸铁主要类型及特点

| 灰铸铁类型 | 牌号 | 强度(不小于)/MPa | | | 显微组织 | |
		抗拉	抗弯	抗压	基体	石墨
铁素体灰铸铁	HT100-260	100	260	500	F+P	粗片
珠光体-铁素体灰铸铁	HT150-330	200 150 120	390 330 250	650	F+P	粗片
珠光体灰铸铁	HT200-400	250 200 180	450 400 340	750	P	中等片状
	HT250-470	290 250 220	500 470 420	1000	P	细片

1.2.2　灰铸铁装备表面裂纹失效分析

　　铸铁类装备的特点是质量大、铸造工序繁多、运行工况恶劣，因此影响铸件质量的因素十分复杂。在长期重载、疲劳工作的过程中，表面裂纹是其常见的失效形式，如减速箱、制动毂及柴油锤的表面裂纹。如图 1-3 所示，若不及时修复将使整个箱体总成报废。通过对开裂的铸件装备进行分析可知，这种典型的失效形式，通常是由铸造过程中形成的原始缺陷诱发而成，在运行过程中扩展并最终形成宏观裂纹。

 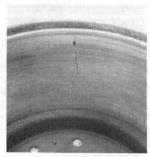 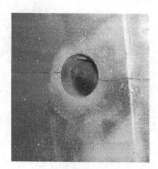

(a) 减速箱底部裂纹　　　　　(b) 制动毂表面裂纹　　　　　(c) 柴油锤侧面裂纹

图 1-3　灰铸铁装备的宏观裂纹

　　对牌号 HT250 齿轮箱体的开裂失效进行分析，箱体表面的裂纹断口微观形貌如图 1-4 所示[65]，断口面平滑且有细小的解理台阶，该断裂为脆性断裂。由于箱体各部位壁厚不均匀，此处在浇铸时存在较大的温度差及不平衡热应力，产生了少量铸造微裂纹，因此宏观上裂纹从薄壁区向厚壁区扩展。由于石墨的存在，铸件的有效承载面积缩小，后期运行过程中，石墨尖端使铸铁体在承受载荷时产生应力集中，促使材料从局部损坏并扩大成脆性断裂。

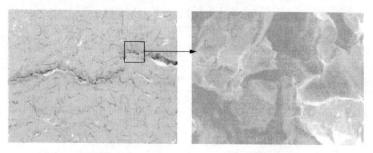

(a) 宏观形貌　　　　　　　　　(b) 微观裂口

图 1-4　齿轮箱体表面裂纹

　　制动毂是制动系统中的重要零部件，受到来自刹车片的强大压力和摩擦力的综合作用，而且制动力矩大、制动频繁，经常过早失效。观察失效的制动毂可知，在制动带上沿轴向近似平行地排列着大量裂纹[66]，如图 1-5 所示，主裂纹长度接近毂身高度。分析表明，裂纹的萌生与扩展主要与制动毂材料的热疲劳失效有关。制动时巨大的摩擦功转化为热能被制动毂吸收，频繁制动使制动毂经受反复加热和冷却，引起材料膨胀、收缩受到约束而形成循环应力、应变，最终在制动毂表面产生热疲劳裂纹，进一步扩展则导致制动毂破裂。

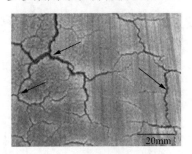

图 1-5 制动毂表面裂纹

1.3 灰铸铁激光熔覆中石墨影响机制分析

由灰铸铁激光熔覆的研究情况可知，现有的研究多集中在修复层制备和性能研究方面，而针对灰铸铁中某一特殊物相在激光熔覆过程中的行为变化研究很少。灰铸铁属于多元铁碳合金，其在激光熔覆过程中发生大量的相变与反应，熔覆后的组成相复杂。石墨相是灰铸铁中的重要物相[67]，石墨相的数量、大小、形状、分布对铸铁的综合性能有着很大的影响。

1.3.1 石墨对灰铸铁性能的影响

碳在铸铁中的存在形式主要有以下三种：①游离态石墨晶体；②化合物态渗碳体；③熔于 α-Fe 或 γ-Fe 中以固溶状态存在(如铁素体或奥氏体)[68]。碳原子在灰铸铁在固过程中会生成渗碳体和石墨高碳相。渗碳体为可分解的亚稳定相，在高温下发生分解，碳原子扩散出来结晶为石墨。石墨的类型、形态、数量、分布状态都能在较大程度上影响铸铁的性能。

灰铸铁中的石墨晶体为六方晶格结构，碳原子占据着六方棱柱体的各个角点，其底面原子呈六方网格排列，如图 1-6 所示。原子之间为共价键结合，间距小，结合力很强；底面层之间为分子间作用力结合，面间距较大，结合力较弱，这种结构使石墨的强度处于很低的水平，所以石墨的强度、硬度和塑性都较差[68]。铸铁中的石墨通常有 4 个基本形态，分别为片状、球状、团絮状和中间形态。灰铸铁中石墨形态为片状，片状石墨根据生长条件的不同共有多种形貌，分别为长条状（A 型）、菊花状（B 型）、块片状（C 型）、枝晶点状（D 型）、枝晶片状（E 型）和星状（F 型）[69]。本书以灰铸铁 HT250 为研究对象，其内部石墨为 A 型片状石墨，呈均匀分布，无方向性，如图 1-7 所示。

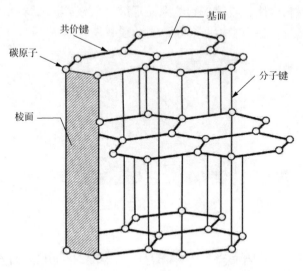

图 1-6　石墨晶体结构

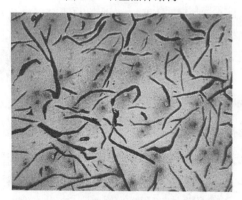

图 1-7　HT250 中的石墨形态

　　灰铸铁组织相当于钢基体加片状石墨，片状石墨的强度、塑性几乎为零，可近似将其看作微裂纹。片状石墨的缩减作用和切割作用，使灰铸铁的抗拉强度、塑性、韧性和弹性模量远比相应基体的钢低。石墨片的数量愈多，尺寸愈粗大，分布愈不均匀，对基体的缩减作用和应力集中影响愈严重，铸铁的强度、塑性与韧性也就愈低。然而，灰铸铁的作用具有两重性，它一方面使灰口铸铁的力学性能变差，另一方面使灰口铸铁具有其他的特殊性能。

石墨的力学性能很差，抗拉强度低（$\sigma_b < 20$MPa），塑性几近于零，硬度极低（3HBS[①]），因此灰铸铁的石墨起到"切口作用"，相当于灰铸铁中存在许多微裂纹，这在很大程度上减小了灰铸铁的承载面积。此外，片状石墨尖端或不规则片状石墨的拐角处易出现应力集中现象，在应力的作用下导致微裂纹萌生、桥接与扩展，进而形成粗大裂纹导致材料失效。由于石墨片的破坏作用，灰口铸铁的抗拉强度、塑性比碳钢低得多。相关学者研究了孕育灰铸铁 HT250 中石墨分布与力学性能的关系，发现孕育铸铁的抗拉强度与石墨含量成反比关系，并推导出了定量的关系公式。石墨片的割裂作用对压应力的影响较小，因而灰铸铁的抗压强度和硬度与同基体的碳钢相差较小。

除了对铸铁力学性能的削弱作用以外，石墨的形态、数量和分布等对铸铁的摩擦磨损特性、抗热疲劳性、热导率等方面均有较大影响。Zhang 等[70]测试了不同石墨形态的含磷铸铁的摩擦性能，实验证实了石墨形态能够影响摩擦系数和磨损量，石墨形态为片状的灰铸铁具有最高的磨损量。Hatate 等[71]对三种不同形态石墨（片状、蠕虫状、球状）的等温淬火铸铁进行了干滑动滚动接触磨损实验和湿滑动滚动疲劳实验，实验结果表明石墨形态极大地影响了铸铁的磨损特性和疲劳特征。当石墨的结核状态由球状变为蠕虫状和片状时，铸铁磨损量加大，疲劳强度减小，其原因为片状石墨间距较小，基体连续性降低，裂纹更容易产生。Ghaderi 等[72]对灰铸铁、蠕墨铸铁和球墨铸铁进行等温淬火，对淬火试样进行滑动磨损实验和冲击实验，实验结果证明石墨形态与铁的冲击功和耐磨性有密切关系。孙智刚等[73]研究了石墨及碳化物对高镍镉铸铁轧辊摩擦特性的影响，其实验表明磨损过程中片状石墨的自润滑性使轧辊的耐磨性大幅提高。

在铸铁热导率的研究方面，Holmgren 等[74,75]的研究起到了很好的奠基和引导作用，其在石墨形态对铸铁热导率的影响方面进行了大量细致的研究，创建了不同形态石墨铸铁的热传导模型，其研究表明石墨的数量、形态、生长方向等能够显著影响铸铁的热导率。众多的学者针对不同石墨形态铸铁的抗热疲劳性能进行了大量研究，但是得到了许多不一致的结论。AMAX 材料研究中心的 Park 等[76]对灰铸铁和蠕墨铸铁的抗热疲劳性能进行测试，得到了球墨铸铁的抗热疲劳性能最好、蠕墨铸铁其次、灰铸铁最差的结论。Ziegler 和 Wallace[77]的研究表明蠕墨铸铁的抗热疲劳性能是最好的，其次为球墨铸铁和灰铸铁。孙小捞等[78]和陈飞帆等[79]分别研究了不同石墨形态铸铁的抗热疲劳特性，其研究结果较为一致，球墨铸铁和蠕墨铸铁的抗热疲劳性能较好，灰铸铁最差。热疲劳裂纹多源于片状石墨尖角处，并沿石墨和石墨间最近的基体扩展和桥接。以上的研究表明，石墨形态能够显著影响铸铁的抗热疲劳性能，各种铸铁的抗热疲劳性能的优劣有

---

① HB 表示布氏硬度，单位为 N/mm^2。

待进一步研究。

1.3.2　激光修复过程中石墨相的行为变化

在灰铸铁激光修复过程中，光斑辐照试样表层，熔覆粉末和基体表面薄层受到的热作用最大，温度最高，呈现熔化状态。在光斑轴线上，随着到粉末表层距离的增加，激光热作用减弱，试样呈现微熔、相变等状态。基体中的石墨由于所处位置的不同会发生不同程度的熔解，碳原子的扩散情况也不一样。石墨的行为及碳原子的扩散情况对初生奥氏体的转变情况具有很大的影响，能够显著影响试样的组织分布。

宋武林和谢长生[80]针对珠光体灰铸铁激光熔凝过程中石墨相的行为进行了研究，对试样的显微分析中发现熔化层中的石墨完全熔解，不存在石墨；相变硬化层中石墨部分熔解，石墨形态细化；过渡层中的石墨没有发生太大变化。这是由不同位置的激光热作用差异导致的。史淑和张连宝[81]对灰铸铁激光热处理过程中石墨相的碳原子扩散行为进行了研究，发现石墨中碳的扩散导致周围组织发生了不同的转变。不同区域内碳的固溶度不同，导致组织转变程度不同，熔化区与过渡区的界线交错曲折。刘喜明和刘衍[82]对球墨铸铁激光重熔和淬火后的显微组织进行了研究，分析了 C、Fe 原子在石墨和铁素体界面相互扩散的条件，实验证实 C、Fe 原子的扩散能够影响组织的转变。朱祖昌和俞少罗[83]对球墨铸铁、灰铸铁和蠕墨铸铁激光熔融处理后的组织进行了研究，实验证实在石墨周围存在等轴状马氏体+残余奥氏体组织，其外层为变态莱氏体组织，并从石墨与奥氏体的结构相关性和碳原子的扩散对这种"双壳层"组织的形成进行了解释。Cheng 等[84]在利用等离子束对灰铸铁和球墨铸铁进行激光熔融处理的过程中发现，石墨的形态和分布对组织的形成有很大影响。由于石墨热导率的各向异性，当石墨与热流方向平行时，共晶体出现在石墨片的两侧。当片状石墨与热流方向垂直时，共晶体只出现在石墨片的上方，这是由于石墨基面上的热传导是主要的，石墨片抑制了共晶反应。Zhou 等[43]在灰铸铁、球墨铸铁及蠕墨铸铁制备仿生单元的实验中发现，在熔化区石墨完全熔解，没有石墨的存在。近熔化区的组织根据距离石墨距离的远近转变为不同的组织。

1.3.3　石墨对激光修复质量的影响

石墨是灰铸铁中的重要组成物相，其在激光熔覆过程中有复杂的行为变化，并对其周边组织的形成产生了很大影响。此外激光熔覆是热力剧烈作用与变化的不平衡过程，石墨极差的力学性能及石墨与铸铁的热物性参数差异都对激光修复质量有较大的影响。

Zhou 等[43]利用激光熔凝、激光熔覆等技术在铸铁表面制备仿生单元，并发现石墨的形态对试样的抗热疲劳性能有着显著的影响。球墨铸铁的抗热疲劳性能最强，其次是蠕墨铸铁，灰铸铁最差。热疲劳微裂纹总是萌生在石墨片的尖端，如灰铸铁中片状石墨的尖角处、蠕墨铸铁中蠕虫状石墨的弯曲拐角处和球墨铸铁中球状石墨的边缘处。裂纹总是沿着石墨与石墨之间的最短距离进行扩展。Sun 等[85]使用 C-B-W-Cr 合金粉末在球墨铸铁表面通过激光合金化制备耐磨涂层。在对试样裂纹情况的研究过程中发现石墨能够影响裂纹的扩展情况：在未碰到球墨前，裂纹沿脆性莱氏体扩展，碰到石墨之后，沿着球墨边缘扩展，最终受到韧性珠光体作用停止扩展，得到了球墨在抑制裂纹方面有积极作用的结论。Cheng 等[84]利用等离子束对球墨铸铁和灰铸铁进行了熔融处理，实验证明球状石墨和片状石墨热导率的差异，导致了熔层深度的差异；此外，由于石墨在铸铁中起"裂纹"作用，热流首先熔化石墨边缘部分的基体，这导致了灰铸铁熔融后的表面粗糙度要大于球墨铸铁。肖荣诗等[86]在球墨铸铁和灰口铸铁表面熔覆镍基和钴基合金，实验表明修复层气孔的形成与铸铁组织、石墨片形态有关。片状石墨相比球状石墨更容易导致裂纹和气孔的产生。周家瑾和王恩泽[87]研究了石墨的数量和形态对激光热处理硬化带的影响，分析了石墨对传热温度和碳元素扩散的影响，结果表明石墨含量越多，周围材料所能达到的熔点越低，碳向周围基体扩散的距离越短，硬化带的均匀性逐渐变差。冷却速度变大，石墨较为细小，硬化带的深度减小，均匀性变好。

1.4　激光修复层结合状态研究及检测方法

目前对于激光修复层结合状态的研究并不多见，能够借鉴的主要有定性测量法和定量测量法[88]，但是这些测量方法大都针对热喷涂层、等离子喷涂层等这样的物理结合涂层，而对于冶金结合涂层的研究比较少。激光修复层与基体结合质量越高，则修复层越不容易从机体上脱落，结合状态也就越好。激光修复层与熔覆基体通过结合区相连，结合区也是比较脆弱的部位，经激光熔覆表面强化的机械零件在受力过程中，结合区往往出现裂纹并扩展，使修复层失效脱落，因此结合区组织及其力学性能对结合状态具有决定性的影响作用。

在机械工程领域，各种各样的涂层技术得到了广泛的应用以提高机械零件的表面性能，延长其使用寿命，如航天设备中热喷涂各种耐高温的陶瓷材料涂层，集成电路表面喷涂绝缘涂层，在灰铸铁表面激光熔覆镍基、钴基、铁基合金涂层以制成耐磨耐蚀抗氧化的激光修复层等[89,90]。目前，国内外学者对涂层结合强度的测量方法做了一定的研究，并取得了一定的成果。马咸尧等[91]利用声发射方法测定了金属材料表面喷涂陶瓷涂层及经过激光熔覆陶瓷涂层与基体的结合强度，并对陶瓷涂层产生的声发射特征进行了探讨；孔德军等[92]利用 X 射线衍射技术分析了薄膜界面结合应力及其变化规律，通过对薄膜界面结合状态的检测，建立了

X 射线衍射法测量薄膜结合强度的原理、方法与过程。曾丹勇等[93]利用激光层裂技术定量测量了涂层的结合强度，设计相应的实验方法，并利用特征线法推导出界面应力计算公式；张宇等[94]利用超声波测速仪和 HATE 型液压附着力测试仪测量了涂层的结合强度；石广田和石宗利[95]利用划痕法和黏结法测试了 Ag-Cu/Ti 双层膜复合体系的结合强度，并对两种方法做出了分析对比；Anders H 和 Anders H[96]利用拉伸法、四点弯曲法及声发射法分别测量了热喷涂、气相沉积和激光修复层的结合强度并分析其开裂机制；Barradas 等[97]利用激光层裂法测量 Al 表面冷喷涂 Cu 涂层的结合强度，展示了激光层裂技术的优越性；李南等[98]通过剪切强度测定的方法，测量了镍铬合金涂层及陶瓷涂层的结合强度，并对其作出比较；简小刚等[99]利用鼓泡法，根据内涨作用下薄膜的变形原理，开发了新型的适用于测量金刚石薄膜结合强度的实验与检测方法；李亚东等[100]模拟平面火焰喷涂，并设计了一套适用于检测火焰喷涂涂层的拉拔实验模具。

现在对于各种各样的表面涂层技术的应用，涂层结合强度的测量方法也不断涌现。现存的涂层结合强度的表征方法基本分为两类：一种是基于应力的观点，即为使单位面积的涂层从基体上脱落时所需力的大小，如界面拉伸结合强度与界面剪切结合强度；另一种是基于能量的观点，即单位面积的涂层从机体上剥落是所需要能量的大小[101]，如界面刮剥结合强度。现存的涂层结合强度试验和测量方法一般也分为两类，即定性测量法和定量测量法，定性测量法主要有基片拉伸法、磋磨实验法、冲击试验法、弯曲试验法、简易划痕法和磨损法；定量实验法主要有划痕法、压痕法、刮剥法、动态拉伸法、拉拔法、附着能法、超声波法、离心法、冲击波法及中磁力法等[102]。

1. 拉伸法[101]

拉伸法是目前广泛采用的一种有效地定量测量涂层结合强度的方法。拉伸法分为两种，分别为横向拉伸法和垂直拉伸法。

横向拉伸法的理论基础是纤维强复合材料中的剪滞模型，认为涂层与基体的界面必会传递涂层所受到的所有作用力到基体，反之亦然，其表达式为

$$\sigma = \frac{1}{h} \int_0^{\frac{b}{2}} T(x) \mathrm{d}x \tag{1-1}$$

式中，$T(x)$ 为界面的剪应力；b 为涂层受力断开后两相邻裂纹之间的距离；h 为涂层的厚度；σ 为涂层内的正应力。对于脆性材料大都在与拉伸方向垂直的方向开裂，当裂纹的数量不再随着拉伸应变的增加而增加时，涂层的剪切强度可表达为

$$\tau = \frac{\pi \sigma_\mathrm{b} h}{\delta_{\max}} \tag{1-2}$$

式中，σ_b 为涂层的断裂强度；δ_{max} 为涂层裂纹的最大间距。

垂直拉伸法是将某种黏结剂黏结在涂层的顶部与大头针的底部，固定基体，在大头针施加拉作用力，使涂层从基体上脱落，其表征参数的计算式为

$$\sigma = \frac{F}{A} \qquad (1\text{-}3)$$

式中，F 为施加在大头针顶部的拉作用力；A 为涂层与基体结合界面的面积。

两种拉伸方法表征参数明确，测量比较简便，公式算法简单明确，但横向拉伸法要求涂层的弹性模量必须大于基体的弹性模量并且测量值与结合强度的真实值可能存在差异，可见此方法适用于脆性涂层与塑性基体材料；而垂直拉伸法对黏结剂有一定的要求，即测量涂层的结合强度必须小于黏结剂的黏结强度，否则无法使涂层脱落。

2. 剪切法

剪切法经常用来测量涂层之间的结合强度，这种实验方法比较简单，其结合强度表征参数为

$$\tau = \frac{F}{2\pi rh} \qquad (1\text{-}4)$$

式中，F 为施加在圆柱基体顶面的压力；r 为圆柱基体的半径；h 为涂层的宽度；τ 为涂层的剪切结合强度。

剪切测量方法操作起来比较简单，适用于各种各样的厚涂层的结合强度测量，但是剪切法需要在圆柱形状的基体上制备环形涂层，而对其他形状的基体不适用。另外，剪切法有一个明显的不足之处是在顶面与涂层相接处附近区域会产生应力集中。

3. 弯曲法

弯曲法是广泛应用于测量涂层结合强度的实验方法。弯曲法有许多不同的形式，其中最常用的是悬臂梁弯曲法及三点和四点弯曲法。

对于悬臂梁弯曲法，往往要与声发射技术搭配使用来测量涂层的结合强度，声发射技术用来判断界面是否开裂。根据其装置的结构尺寸与界面出现裂纹时的临界载荷就可以得出涂层的界面结合强度。但是悬臂梁弯曲法有它自身的缺点，在加载的时候，压头在加载端容易出现滑移，而且测量的涂层不能太薄，对于脆性涂层，可能会在固定时导致涂层产生裂纹。

三点和四点弯曲法也常用来测量涂层的界面结合强度。对于三点弯曲法，在

基体、涂层及基体与涂层之间的拉应力、剪切应力的计算式为

$$(\sigma_x)_i = -\frac{M_z E_i}{\langle EI \rangle} y \tag{1-5}$$

式中，M_z 为弯矩；I 为横截面惯性矩、E 和 E_i 为弹性模量(下角标 i 表示基体(a)、涂层(b)或基体的对称层(c))。

$$(\tau_{xy})_a = -\frac{|T| E_a}{\langle EI \rangle} \frac{(y_h^2 - y_0^2)}{2} \tag{1-6}$$

$$(\tau_{xy})_b = -\frac{|T|}{\langle EI \rangle} \frac{(y_i^2 - y_0^2)E_b + (y_h^2 - y_i^2)E_a}{2} \tag{1-7}$$

$$(\tau_{xy})_c = -\frac{|T| E_c}{\langle EI \rangle} \frac{(y_b^2 - y_0^2)}{2} \tag{1-8}$$

式(1-6)～式(1-8)中，$|T|$ 为剪力；E_a 为基体的弹性模量，E_b 为涂层的弹性模量，E_c 为基体对称层的弹性模量；y_a、y_b、y_c 分别为基体、涂层、基体对称层在总坐标系的形心坐标，y_0 为横截面取样点坐标；$y_h = h_a + h_b + h_c - y_z$，其中 y_z 为中线的位置，h_a、h_b、h_c 分别为基体、涂层、基体对称层的厚度。

此外，修复层的结合强度，还与结合区的组织状态有关，结合质量不好的修复层容易脱落、开裂，结合强度就低，若要获得好的修复层，需要选择合适物理参数的修复层材料。稀释率对结合质量影响也较大，稀释率过大会导致过多的基体融入熔化区部分，降低修复层的质量，对工件使用性能也有不利影响，结合区的稀释率应控制在 5%左右为宜，不宜超过 10%[57]。同时，由于铸铁基体本身具有石墨相，石墨的存在对结合质量也有较大的影响。由于石墨本身的力学性能很差，以及在石墨的尖端容易诱导裂纹，石墨形态和分布较难进行控制，石墨对结合强度的影响应该引起重视。因此有必要提取修复层的几类重要数据进行综合分析，将基体的后期服役时间引入评价体系，建立更为全面的修复层强度评价标准。

综上所述，灰铸铁类装备正广泛服役于能源、制造业等行业且数量庞大，传统的修复处理方法已经不能满足日益提高的技术要求，近年来随着激光技术的迅速发展，激光熔凝、熔覆逐渐成为材料表面修复的有效技术手段。激光热修复技术的主要特点是热输入高度集中，熔池和热影响区小，基体变形小，这对金属结构件的修复是非常重要的，因此采用该技术实现失效铸件的修复再利用具有广阔的应用前景，但目前激光热修复技术在理论及应用研究的诸多方面仍不甚完善，工艺方法的复杂性和不确定性也制约了其发展和应用，因此有必要加大投入，在这几个方面进行深入的研究和探索，从而进一步完善激光热修复技术的研究体系，拓展该项技术的应用领域，加快其工业化进程。

第 2 章　激光修复过程描述及数值分析

激光热修复是以高能量密度的激光束为能量输入形式，随着激光束的移动，添加的合金粉末和基体材料一起吸收激光能量并转化为热能，通过热传导使被加热的材料温度快速升高并达到熔融状态，从而形成具有特殊成分和性能的合金修复区，这一过程涉及复杂的物理、化学变化[23-26]。所以，要实现灰铸铁装备表面的激光热修复，首先要明确修复过程中激光能量的作用机制及材料的热响应，从而对激光热修复所涉及的问题给出解释。由于目前检测手段的缺失和实验的偶然性及成本控制等因素，基体内部关键位置的温度和应力应变等数据尚无法通过实验得到。因此，基于热-弹塑性有限元理论，采用热力间接耦合非线性有限元分析方法，建立激光热修复过程的三维有限元模型，利用其完善的后处理系统对模拟结果进行分析和处理，对连续激光作用下材料表面热修复过程的传热和力学行为规律进行定性、定量的描述。

2.1　激光能量热作用数学描述

金属材料吸收激光能量约在表面及以下 10^{-7}m 的深度范围内，光电子的能量主要被材料的导电电子吸收，并在 $10^{-11}\sim10^{-10}$s 内将能量传给晶格，在 10^{-9}s 后便可以认为电子气温度与晶格温度相等，此时达到瞬间的平衡稳态，从而建立起基体瞬时温度场 $T(x,y,z,t)$ 的概念[30]。基体表面接受激光束的照射，随时间变化的热输入能量瞬间在局部集中，同时热传导在基体内部进行，并伴随与外部介质的对流和辐射，可建立熔凝热扩散物理模型如图 2-1 所示，该部分内容主要为激光热修复过程的热-结构基本理论分析。

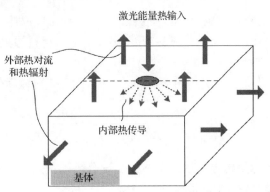

图 2-1　激光能量热扩散模型

2.1.1 作用过程的热-力学模型

激光热修复过程的热-结构计算包括温度场和应力应变场计算两部分，其中温度变化是基础，在导致热变形的同时引起显微组织的相变抗力，因此由组织相变又产生了相变潜热作用于温度场，相变抗力则造成了一定的相变应力[11]，相互间关系如图 2-2 所示，由于热修复为小变形过程，为方便求解，只考虑温度场对变形场的作用，同时忽略组织转变的影响。进行温度场和应力应变场分析时采用间接耦合算法，在给定的边界条件下求解三维热传导方程；进行结构分析时，将温度载荷转化为节点力，按照初始力-位移边界条件求解三维热弹塑性方程。

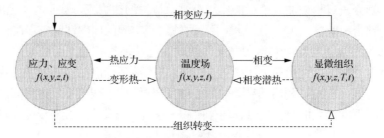

图 2-2　温度、应力应变及显微组织关系

1. 热平衡方程

激光热修复属于典型的非线性瞬态热传导过程问题，在材料表面建立笛卡儿坐标系，考虑基体材料为均匀、连续且各向同性，由能量守恒原理，其基体内部三维瞬态热传导控制方程的一般形式为[25,103]

$$\lambda \left(\frac{\partial^2 T}{\partial x^2} + \frac{\partial^2 T}{\partial y^2} + \frac{\partial^2 T}{\partial z^2} \right) + \frac{\partial q_v}{\partial t} = c\rho \frac{\partial T}{\partial t} \qquad (2\text{-}1)$$

式中，T 为瞬时温度分布函数，℃；t 为传热时间，s；q_v 为单位体积内热源，W/mm³；c 为材料比热容，J/(kg·℃)；ρ 为材料密度，kg/m³；λ 为材料导热系数，W/(m·℃)。材料的热物理性质参数 c、ρ 和 λ 均随温度变化。

激光热修复过程中基体无内热源，即 $q_v = 0$，则上式可以简化为傅里叶形式：

$$\lambda \left(\frac{\partial^2 T}{\partial x^2} + \frac{\partial^2 T}{\partial y^2} + \frac{\partial^2 T}{\partial z^2} \right) = c\rho \frac{\partial T}{\partial t} \qquad (2\text{-}2)$$

经历一段时间的热传导之后，基体处于没有热源及热传导作用的稳态，此时上式又可简化为拉普拉斯(Laplace)形式

$$\frac{\partial^2 T}{\partial x^2} + \frac{\partial^2 T}{\partial y^2} + \frac{\partial^2 T}{\partial z^2} = 0 \tag{2-3}$$

根据热传导微分方程式(2-2)与边界表达可得非线性热分析的热平衡矩阵方程为

$$[C(T)]\{\dot{T}(t)\} + [K_T(T)]\{T(t)\} = \{Q(t)\} \tag{2-4}$$

式中，

$$[C(T)] = \int_V \rho c [N][N]^{\mathrm{T}} \mathrm{d}V$$

$$[K_T(T)] = \int_S (h_c + h_r)[N]^{\mathrm{T}}[N]\mathrm{d}S + \int_V \lambda \left(\frac{\partial [N]}{\partial x}\frac{\partial [N]^{\mathrm{T}}}{\partial x} + \frac{\partial [N]}{\partial y}\frac{\partial [N]^{\mathrm{T}}}{\partial y} + \frac{\partial [N]}{\partial z}\frac{\partial [N]^{\mathrm{T}}}{\partial z} \right)\mathrm{d}V \tag{2-5}$$

式中，$[C(T)]$ 为比热容矩阵；$[K_T(T)]$ 为热传导率矩阵；$[N]$ 为形状函数矩阵；$\{Q(t)\}$ 为热流密度向量；$\{\dot{T}(t)\}$ 和 $\{T(t)\}$ 分别为节点温度对时间导数向量和节点温度向量；h_c 与 h_r 分别为表面对流换热和热辐射系数。

2. 力平衡方程

激光热修复过程基体不受外力作用，仅受温度载荷的作用，对于体积为 V，边界为 S 的连续介质，由虚功原理，$t+\Delta t$ 时刻的虚功积分表达式为[103]

$$\int_V \sigma \delta \varepsilon \mathrm{d}V = \int_V q \delta u \mathrm{d}V + \int_S p \delta u \mathrm{d}S \tag{2-6}$$

式中，σ 和 ε 分别为修正的拉格朗日(Lagrange)应力和应变张量；q 和 p 分别为体积力和面积力矢量；δu 表示虚位移。

考虑符合米泽斯(Mises)屈服准则的热弹塑性材料本构模型为

$$F = \sqrt{\frac{3}{2}\sigma'_{ij}\sigma'_{ij}} - \bar{\sigma}(\bar{\varepsilon}^{\mathrm{p}}, T) = 0 \tag{2-7}$$

式中，σ' 为应力偏移量分量；$\bar{\sigma}$ 为等效应力；$\bar{\varepsilon}^{\mathrm{p}}$ 为材料的等效塑性应变；T 为温度。对于热弹塑性过程，总的应变增量可分解为弹性应变 $\varepsilon_{ij}^{\mathrm{e}}$、塑性应变 $\varepsilon_{ij}^{\mathrm{p}}$ 和热应变 $\varepsilon_{ij}^{\mathrm{th}}$：

$$\frac{\partial \varepsilon_{ij}}{\partial t} = \frac{\partial \varepsilon_{ij}^{\mathrm{e}}}{\partial t} + \frac{\partial \varepsilon_{ij}^{\mathrm{p}}}{\partial t} + \frac{\partial \varepsilon_{ij}^{\mathrm{th}}}{\partial t} \tag{2-8}$$

若令 D_{ijkl} 为弹性应力应变关系系数，则从弹性的应力应变关系可得出应力变化率：

$$\frac{\partial \sigma_{ij}}{\partial t} = D_{ijkl}(T)\frac{\partial \varepsilon_{kl}^{e}}{\partial t} + \frac{\partial D_{ijkl}(T)}{\partial T}\varepsilon_{ij}^{e} \qquad (2\text{-}9)$$

在激光热修复过程的热-结构分析中如何处理温度载荷是耦合两种分析的关键，主要任务是将温度载荷转化为相应的内部作用力，由于基体内部的热膨胀只产生正应变，则温度载荷对各向同性材料相应的节点力为

$$\{F^{\text{th}}\} = \sum \int_{V}[B]^{\text{T}}\frac{E\alpha_{\text{th}}\Delta T}{1-2\mu}\{\delta\}\text{d}V \qquad (2\text{-}10)$$

式中，$\alpha_{\text{th}}\Delta T$ 为正应变；α_{th} 为材料的线膨胀系数；$\Delta T = (T - T_0)$ 为当前温度与初始温度之差；E 为弹性模量；μ 为泊松比；V 为体积域；$[B]$ 为应变位移关系矩阵；$\{\delta\} = [1\,1\,1\,0\,0\,0]^{\text{T}}$。根据虚功原理，利用牛顿-拉普拉斯（Newton-Laplace）线性化方法将应力应变关系转换为以节点位移为未知量的有限元代数方程组：

$$[K]\{\Delta u\} = \{F^{\text{th}}\} - \{F^{\text{nr}}\} \qquad (2\text{-}11)$$

式中，

$$[K] = \int_{V}[B]^{\text{T}}[D^{\text{ep}}][B]\text{d}V$$
$$\{F^{\text{nr}}\} = \int_{V}[B]^{\text{T}}\{\sigma\}\text{d}V \qquad (2\text{-}12)$$

其中，$[K]$ 为整体刚度矩阵；$[D^{\text{ep}}]$ 为弹塑性矩阵；$\{\Delta u\}$ 为单元节点上的位移增量；$\{F^{\text{nr}}\}$ 为 Newton-Laplace 储存力矢量。

2.1.2　模型热边界的优化

由于热力平衡方程须配合充分的边界条件才能给出定解，因此准确描述基体材料的初始和边界条件关系到解的准确性和合理性。

通过传热学理论分析可知，受加热物体的表面与外部环境之间始终存在着物质微粒的碰撞和运动及电磁波的辐射和接收，激光修复过程中在没有保护气的作用下可以认为空气没有流动，即自然对流，此时对流换热变化较小，与温度 T 呈一阶线性关系；而辐射换热方面，温度越高辐射换热效果越明显，变化较为剧烈，与温度 T 呈高阶非线性关系[29,32]。通过这两种形式进行的热交换持续发生，可以分别给定空间域热流密度和对流、辐射换热的边界表达式为

$$S_1\text{:}\ \frac{\partial T}{\partial x}\boldsymbol{n}_x + \frac{\partial T}{\partial y}\boldsymbol{n}_y + \frac{\partial T}{\partial z}\boldsymbol{n}_z + q = 0 \qquad (2\text{-}13)$$

$$S_2: \frac{\partial T}{\partial x} \boldsymbol{n}_x + \frac{\partial T}{\partial y} \boldsymbol{n}_y + \frac{\partial T}{\partial z} \boldsymbol{n}_z + h(T - T_0) = 0 \tag{2-14}$$

$$S_3: \frac{\partial T}{\partial x} \boldsymbol{n}_x + \frac{\partial T}{\partial y} \boldsymbol{n}_y + \frac{\partial T}{\partial z} \boldsymbol{n}_z + \varepsilon\sigma(T^4 - T_0^4) = 0 \tag{2-15}$$

式中，S_1 为热流量规定为 Q 的边界；S_2 为对流换热规定为 $h(T–T_0)$ 的边界；S_3 为辐射换热规定为 $\varepsilon\sigma(T^4–T_0^4)$ 的边界；$\boldsymbol{n}_x$、$\boldsymbol{n}_y$ 和 $\boldsymbol{n}_z$ 分别为边界外法线方向余弦；Q 为边界上的热流载荷，W；h 为材料外表面与环境间的对流换热系数，W/(m²·℃)；ε 为表面热辐射系数；σ 为斯特藩-玻尔兹曼(Stefan-Boltzmann)常量，5.67×10^{-8}W/(m²·℃)。

根据实验所用的激光器特性，式(2-13)中的 q 采用修正的高斯分布的热源模型，原始高斯分布表达式为

$$q = \frac{2AP}{\pi r^2} \mathrm{e}^{-2(x^2+y^2)/r^2} \tag{2-16}$$

式中，P 为激光输出功率，W；r 为能量密度减小到光斑中心能量密度的 $1/\mathrm{e}^2$ 时的光束半径，m；A 为材料表面激光能量吸收率。式(12-16)中令 $x^2+y^2 = r^2$ 则可以得到激光的平均能量密度 q_m 为

$$q_m = \frac{2}{\pi r^2} \int_0^r \frac{2AP}{\pi r^2} \mathrm{e}^{-2r_i^2/r^2} r\mathrm{d}r = \frac{0.865AP}{\pi r^2} \tag{2-17}$$

激光束照射金属表面时，金属通过光子、自由电子、晶格之间的相互作用实现对光能的吸收，其吸收系数与材料的物理性质、化学成分及激光波长等有关，不易确定，但激光热修复过程中金属粉末的铺设相当于材料表面黑化的处理，且在局部形成稳定熔池之后，熔融态的金属提高了对激光能量的吸收能力，因此综合各种影响因素和实验结果，取激光吸收系数为 0.7[35]。

为方便有限元求解，考虑对流和辐射边界区域相同，即 $S_2 = S_3$，将式(2-14)和式(2-15)合并，并作如下简化：

$$h(T - T_0) + \varepsilon\sigma(T^4 - T_0^4) = [h + \varepsilon\sigma(T^2 + T_0^2)(T + T_0)](T - T_0) \tag{2-18}$$

由式(12-18)可以看出，可对空气介质中的对流辐射项进行修正，使对流和辐射换热可以综合进行表达，方便下一步边界条件的引入，令 $h^* = h + \varepsilon\sigma(T^2 + T_0^2)(T + T_0)$ 为修正的换热系数，因此，合并式(2-14)和式(2-15)可表示为

$$S_2: \frac{\partial T}{\partial x} n_x + \frac{\partial T}{\partial y} n_y + \frac{\partial T}{\partial z} n_z + h^*(T - T_0) = 0 \tag{2-19}$$

已知激光加工开始时基体温度等于室温 T_0，因此给定其时间域初始条件为

$$T\mid_{t=0} = T_0 \tag{2-20}$$

2.2　激光热修复有限元模型

激光热修复过程的数值模拟以大型有限元分析软件 ANSYS 为平台，根据热-力学的基本理论分析，采用热-结构间接耦合非线性有限元分析方法，计算流程如图 2-3 所示，通过空间域内有限元法网格划分、时间域内有限差分法离散的方法进行非线性微分方程的求解。由于这一过程比较复杂、影响因素众多，为便于分析计算，作如下假设：①忽略基体与环境的耦合，认为环境状态稳定；②材料各向同性，热物理性能参数只与温度有关；③修复中添加的金属材料与基体表面薄层形成的熔池极小，且内部的高速对流使熔合充分，因此认为熔凝过程中的添加材料与基体具有相同的热物性参数，同时忽略熔池内的液态金属的流动影响。

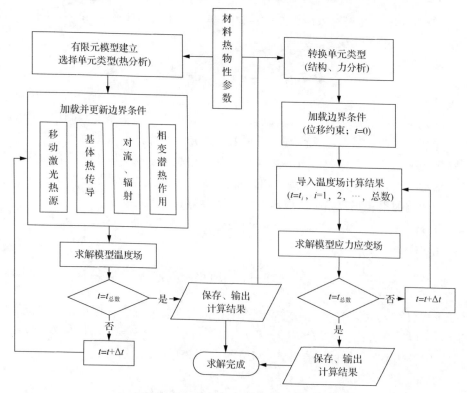

图 2-3　激光热修复过程数值模拟流程图

2.2.1 模型的有限元离散

激光热修复过程中，被加热区域的温度在时间和空间上剧烈变化，存在极大的温度和热应力梯度，ANSYS 中热分析单元约有 40 种，其中三维八节点六面体在处理这类问题时可达到较高的精度[104]，因此在温度场计算中基体和修复层均采用八节点六面体的三维实体单元 SOLID70，该单元的输出结果包括节点温度、温度变化率分量、质心温度向量及热通量分量等，同时，利用修复层上表面的节点覆盖一层表面效应单元 SURF152，可以更为灵活地定义表面热载荷，实现表面热流输入和对流、辐射输出的综合作用。另外，由于采用热-力间接耦合的分析方法，力学分析时仍采用温度分析的几何模型与网格划分，但需将热单元 SOLID70 转换为结构单元 SOLID45，该单元同样是三维八节点六面体单元，每个节点具有三个方向的平移自由度，可用于大应变、塑性和屈曲问题。

根据激光热修复任务，考虑到材料表面为微裂纹窄槽修复，因此采用单道多层的非搭接修复工艺，并在模拟中忽略 U 形槽的弧形底部，在 ANSYS 中建立如图 2-4 所示的三维实体模型。

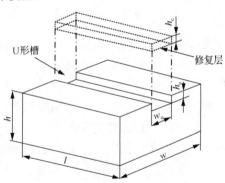

图 2-4　激光热修复模型示意图

涉及的主要尺寸有基体的长 l、宽 w 和高 h，U 形槽的宽 w_u 和深 h_u 以及单层熔覆厚度 h_c，其中基体的三维尺寸可以给定，槽宽、深和单层修复层厚度则根据具体情况确定，由激光熔覆的特点取较经典的工况进行计算分析，有限元模拟中采用两层修复层进行修复，为使材料表面达到完整修复，第二层粉末材料表面应略高于基体表面，修复完成后将多余部分去除，各尺寸参数列于表 2-1 中。

表 2-1　模型主要尺寸参数

l/mm	w/mm	h/mm	w_u/mm	h_u/mm	h_c/mm
30	20	8	4	1.5	1

有限元网格密度方面，由于激光热修复加热区域附近温度、应力和应变在时

间、空间上的剧烈变化，为了保证计算精度，该区域附近的网格划分应具有较大的密度，而远离热源的区域由于热变化缓慢，可以适当降低网格密度以提高计算效率，依据这种网格划分原则，对不同单元总数模型的计算结果进行对比，如图 2-5 所示。

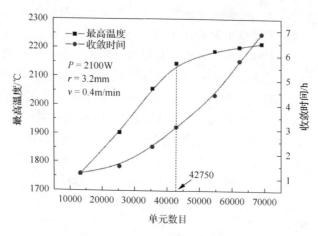

图 2-5　模型单元总数的影响

随着单元数量的增加，计算所得的最大温度和收敛时间不断上升，当单元总数增加至 42750 个时，再增加单元数目对计算结果基本不产生影响，但仍会持续增大计算耗时，因此确定单元总数为 42750 个，离散后的有限元模型如图 2-6 所示。另外，时间步长的确定也需要同时考虑计算精度和效率，在加热阶段，局部温度与应力变化剧烈，而且材料的热物性能是温度的函数，并采用插值法求解，因此应选择较小步长进行计算；在修复完成之后，激光能量移除，基体进入冷却阶段，温度与应力的变化率较低，此时为提高效率而采用较大时间步长。

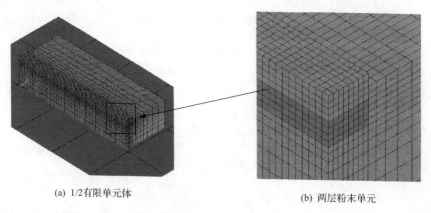

(a) 1/2有限单元体　　　　　　　　　　　　　　(b) 两层粉末单元

图 2-6　有限元模型及网格划分

　　热作用过程中材料的热物理性能参数随温度表现出高度的非线性，它是影响热传导方程求解精度的重要参数，材料热物性特征值分为随温度变化的瞬时值和一定温度范围内的平均值，前者更适合于有限元分析，因此采用如图 2-7 所示的不同温度下材料的热物性参数[105-107]：比热容 c、热导率 γ、空气对流换热系数 h 及杨氏模量 E、热膨胀系数 α，其他参数如密度 ρ 和泊松比 μ 分别取定值 $7250kg/m^3$ 和 0.21。

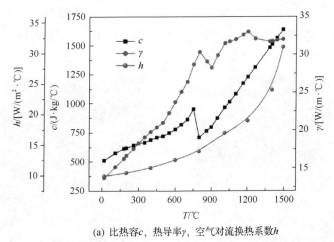

(a) 比热容 c，热导率 γ，空气对流换热系数 h

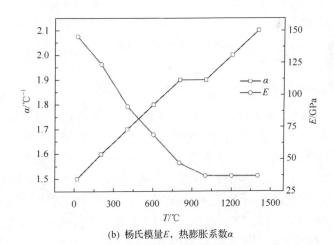

(b) 杨氏模量 E，热膨胀系数 α

图 2-7　材料的热物性参数

2.2.2　修复粉末的动态添加

　　在激光修复过程中，修复区成形的合金粉末随激光束的移动而逐渐熔凝并发生作用，而在数值模型建立时，该部分单元则是与基体单元中同时离散生成，因此需使得尚未被激光能量辐照过的粉末单元不计入有限元计算，当光斑移动至该单元所在位置时才将其热物性参数引入并参与计算，随光斑的移动不断"生长"，求解域也随之逐步扩大，从而模拟修复粉末的动态添加。

这一过程在 ANSYS 中可以通过设定"生""死"单元来实现，如图 2-8 所示，模型建立及单元划分之后，将图 2-8 中的两层粉末单元设定为"死"单元，每一步计算中首先判断是否有"死"单元进入光斑范围内，若有则将其激活，即设定为"生"单元并参与求解，其前端应为半圆弧状，激活方向与激光移动方向一致；当激光光束扫描完第一层后，求解域扩大到第二层，以此类推，所有粉末单元可实现逐层、动态添加。

(a) 第一层粉末单元　　　　　　　　　　(b) 第二层粉末单元

图 2-8　粉末单元的激活

2.2.3　基体底面的约束

根据对模型边界条件的分析，由于待修复基体为自由放置于激光热修复的加工台上，基体侧面和表面分别主要为环境热对流和激光能量热输入边界，实验中激光热修复平台上用于支撑的材料为 45 钢，因此基体底面与支撑面之间同时存在热交换和位移约束两种边界条件，前者可以通过给定对流换热系数实现，由文献资料给定金属间的接触换热系数为 $1800W/(m^2 \cdot ℃)$[108]；而后者则通过设定接触实现支撑面的真实约束，支撑面和基体底面分别为目标面和接触面，选择 TARGE170 和 CONTA174 接触单元分别进行离散，接触面设定摩擦系数为 0.3。支撑面完全约束，而基体则只受到竖直向上的接触反力和静摩擦力作用，这符合实际情况，因此采用接触约束可以较真实地模拟基体在支撑面上进行热修复的应力应变过程。

2.2.4　激光热源的描述

现有的大量研究表明数值分析中采用高斯(Guass)能量分布的热源模型能够

较为理想地模拟激光光斑的能量分布，当不考虑其熔池作用时，多采用二维平面热源，数学表达如式 (2-16)[17,18]，该热输入的有限元描述方法较为简便，但对于激光熔覆热修复过程，添加的合金粉末熔融后形成一种局部热源，此时相对于无粉末添加的激光熔凝过程，一个合适的三维体热源较二维面热源更能真实地反映实际加热过程。

目前常用的体热源在 x、y、z 三个方向均有描述，这并不利于在有限元模型中进行表达[109-111]。考虑到熔池尺寸极小，其内部的放热效果在 z 向变化不大，因此采用另外一种组合面热源来近似描述体热源，即在单层粉末单元的上、下表面各加载一个不同表达的二维 Guass 面热源 q_1 和 q_2，如图 2-9 所示，两层热源在修复过程中同时发生作用，从而组合成为一个体热源，由式 (2-16) 给出上、下表面热源的待定系数表达式为

$$
\begin{aligned}
q_1 &= \alpha \frac{2AP}{\pi r^2} e^{-2(x^2+y^2)/r^2} \\
q_2 &= \beta \frac{2AP}{\pi (kr)^2} e^{-2(x^2+y^2)/(kr)^2}
\end{aligned}
\tag{2-21}
$$

式中，α 和 β 为组合热源的功率系数，$0 \leqslant \alpha, \beta, k \leqslant 1$，且 $\alpha + \beta = 1$；k 为组合热源的半径系数。

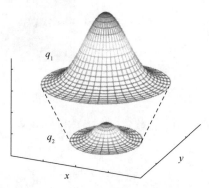

图 2-9　组合 Guass 体热源模型

激光能量以边界热流条件输入且热源相对于工件不断移动，为坐标与时间的连续函数，因此采用小步距间歇跳跃式移动来模拟激光束的连续扫描，即每个时间段 Δt 内光斑移动一个单元长度的距离 Δl，扫描速度 $v = \Delta l / \Delta t$，边界上的热流连续函数离散为多个对应不同位置和时间的分段函数，在有限元模型中以二维载荷的形式定义两个随时间同步移动的热源 $\text{Flux}_i(x, y, t)|_{i=1,2}$，伴随着所在修复区单元的激活，这种移动热源的加载方式更为便捷、易于实现。

　　为确保该有限元模型的模拟精度及热源组合方式的可靠性,需对所建模型进行验证,将有限元模型求解得到的节点热循环温度曲线与实验测量结果进行对比,确定其吻合程度;然后,将激光热修复的模拟温度场与实验得到的修复试样的实际截面区域进行比较,观察熔凝区和热影响区的边界形状,综合采用这两种方法对有限元模型进行验证。

　　采用已建立的有限元模型对不同热源组合情况进行模拟,并与实验结果对比分析,分别提取各组合情况的上表面一点的热循环温度曲线和截面区域形貌如图 2-10 所示,可以看出这种两层面热源组合成为体热源的表达形式可以用于激光修复的有限元分析,通过调整三个热源系数(当 $\alpha = 0.7$, $\beta = 0.3$, $k = 0.6$ 时)达到了较理想的模拟精度,$t = 1.1s$ 前后热源移动至该处,节点温度迅速升高并达到最高值,随热源远离该节点,热传导和热交换作用更为显著,进入迅速冷却阶段;对比发现,模拟结果和实验值基本吻合,最大相对误差约为 6.9%,可以认为模型较好地预测了激光热修复的热响应过程。

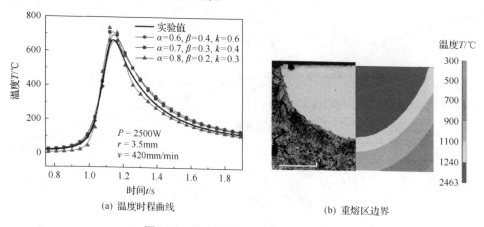

(a) 温度时程曲线　　　　　　　　　　(b) 重熔区边界

图 2-10　热修复有限元模型的对比验证

2.3　修复过程的热响应规律

　　在 ANSYS 环境中对上述所建模型进行求解,实现激光热修复的动态模拟,从而得到该过程热响应的总体规律,包括温度场、应力应变场和主要影响因素等,并通过分析对热循环的形成规律进行合理解释。模拟中主要修复参数为激光功率 $P = 2700W$、扫描速度 $v = 480mm/min$ 和光斑半径 $r = 2mm$,两层修复的时间间隔为 3s。待修复基体为亚共晶灰铸铁 HT250,熔点约为 1240℃,数据提取位置、路径及参考系如图 2-11 所示。

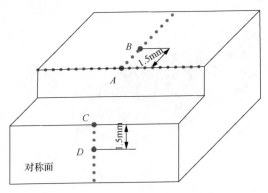

图 2-11　1/2 基体上数据提取位置及路径

2.3.1　热修复温度场

　　激光热修复 1/2 基体模型瞬时温度分布如图 2-12 所示，随高能激光束的快速扫描，光斑附近区域的熔池迅速形成匙状并逐渐达到稳态，修复粉末随熔池移动同步添加，受辐照材料的迅速熔凝在试样表面造成巨大的温度梯度和冷却速度。图 2-12(a) 是 2.325s 时激光扫描至第一层中间位置，熔池中心达到最高温度 2554℃；图 2-12(b) 是第一层扫描完成后进入短暂冷却阶段，4.5s 时最高温度降至 437.8℃；图 2-12(c) 是激光修复至第二层，由于前层修复的预热作用，整体温度较第一层高，7.538s 时最高和最低温度分别达到 2691℃和 91℃，同时由温度场云图可以看出熔池和热影响区域均有所扩大；图 2-12(d) 为基体自然冷却 308s 后的温度分布，最高温度降至约 38℃，位于修复层的扫描结束端。

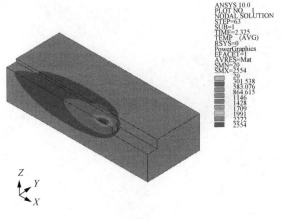

(a)　$t = 2.325$s

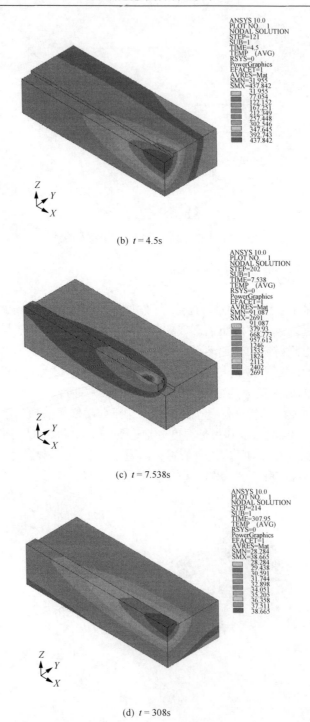

(b) $t = 4.5s$

(c) $t = 7.538s$

(d) $t = 308s$

图 2-12　激光热修复瞬时温度场

　　提取修复后基体 1/2 对称模型截面处的 *A*、*B*、*C*、*D* 点热循环温度如图 2-13 所示,激光扫描至该截面时温度迅速升高,约 0.3s 内 *C* 点即达到峰值温度 2295℃,基体 U 形槽壁面与粉末单元的结合处 *A* 点在第二层扫描时峰值温度达到熔点以上 1670℃。

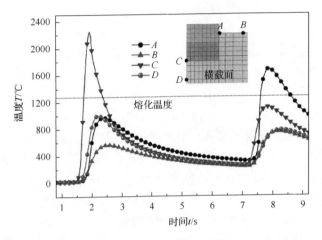

图 2-13　测温点温度时程曲线

　　A 点位于第二层粉床一侧,7.6s 左右温度迅速升高并超过熔点,0.9s 后凝固,因此热修复熔池在 U 形槽侧壁上熔长约为 7.2mm,结合 *B* 点的时程温度可以看出,修复轨迹附近的冷却速度和温度梯度均较低;*C* 点位于粉床底部,首层修复时迅速达到熔融状态,熔融时间约为 0.68s,因此粉末熔池在 U 形槽底部的熔长约为 5.44mm,冶金结合充分,当激光修复第二层时该点温度快速升高至 1035℃,为非熔融态,*D* 点第一阶段的温度变化趋势与 *A* 点处类似,极短时间内超过奥氏体化温度后缓慢下降,第二阶段则与 *B* 点基本相同,未有再结晶情况发生。

　　由以上热修复温度场的基本规律可以看出,采用上述方法和参数进行激光修复,各阶段温度变化迅速完成,熔池附近尤其是纵深方向温度变化率及温度梯度巨大,由此产生的马兰戈尼(Marangoni)效应驱动熔池内粉末合金及基体材料充分熔凝并形成强冶金结合状态。整体来看,图 2-13 得到的温度循环为锯齿形,在靠近熔合区界面的每点只有一次机会达到高于奥氏体化的温度,若产生了针片状马氏体组织,将被第二层修复退火。退火后的马氏体硬度下降,使其强化行为更为有利,而且第二层修复在前一层的预热状态下进行,初始温度可高于马氏体转变温度,有利于减少马氏体组织的形成。因此与单层修复相比,多层修复使得通过工艺参数控制温度循环成为可能。

2.3.2　热修复应力场

有研究测量了灰铸铁激光熔凝处理区的残余应力，指出在熔凝层表面存在着残余拉应力，从熔化区到相变区残余拉应力逐渐消失，取而代之的是残余压应力，最大残余压应力位于相变区中部[112]。残余压应力可以抵消一部分试样遭受的拉应力，对材料的抗裂性有利，而残余拉应力会增加裂纹萌生与扩展的驱动力。热循环温度场在一定程度上反映了修复过程中各阶段、各部位的温度变化及相应的组织转变规律，而随之产生的应力应变分布则决定了修复区的性能表现，因此有必要对这一特性进行分析。

图 2-14 给出了激光热修复过程 1/2 基体上的瞬时 Mises 热应力分布状态，如图 2-14(a) 所示，2.65s 时激光修复至第一层中部，熔池前部出现最大应力 332MPa，由于热膨胀作用，此处应为受压状态，而在熔池离开后，可以看到修复层表面出现了应力集中，因冷却收缩作用，此处应为受拉状态，达到 295MPa 以上，最小应力仅为 0.2MPa；首层修复完成后如图 2-14(b) 所示开始短暂冷却，因熔池开始参与冷却收缩，且变形和应力向基体内部扩展，整体应力水平有所上升，5.14s 时最大和最小应力分别升至 395MPa 和 0.7MPa，与桌面接触的基体底部也出现了应力集中；而在如图 2-14(c) 所示的第二层修复中，由于熔池的再次熔凝，其热影响区相当于进行了去应力退火，同时高应力区进一步向内部扩展，因此应力集中得到释放，7.41s 时应力极值降低至 340MPa，主要集中于熔池前方的修复层表面；第二层热修复完成后基体在空气中自然冷却，与图 2-14(b) 类似，应力水平再次提高并最终形成最大残余应力 480MPa，仍集中分布于修复层表面及修复层与基体的结合处。

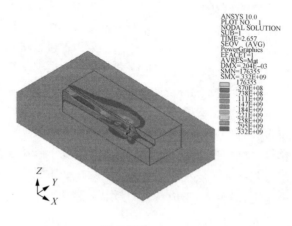

(a) $t = 2.65$s

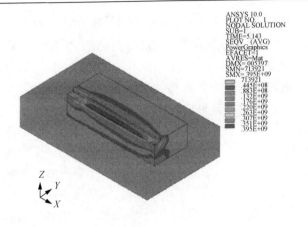

(b) $t = 5.14$s

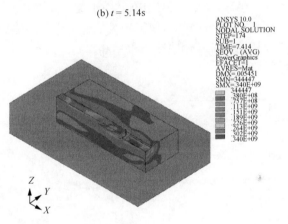

(c) $t = 7.41$s

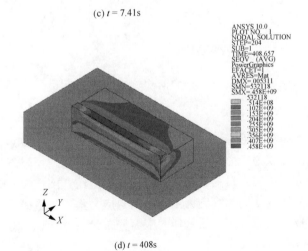

(d) $t = 408$s

图 2-14　激光热修复的瞬时 Mises 应力场

考察激光热修复过程中基体的瞬时应力变化，分别提取图 2-11 中的节点 A、C 的 x、y 和 z 向应力分量的变化曲线如图 2-15 所示，光斑在 1.9s 左右移动至 C 点处，而在 1.6s 该处各方向的应力开始分化并迅速提高，这主要由熔池前方的材料熔化挤压所致，因此在 x、y 方向以持续的压应力为主，最大压应力为 792MPa，受体积不变的限制，z 方向的分量波动剧烈并在极短时间内出现了拉应力的极大值 592MPa，变化趋势为压-拉-压；2s 开始熔池通过 C 点并逐渐远离，三个方向的应力水平迅速降低，此时后续材料的熔凝使得 C 点处趋向于由受压过渡为受拉的应力状态，表现为 x、y 方向的压应力得到释放，z 向应力则降至零附近；3.75s 第一层修复完成，x、y 向应力又下降约 60MPa。第二层修复至 A 点时，与 C 点修复时类似，x、y 和 z 向均以拉应力为主，但变化平缓、整体应力水平较低且峰值较小，分别为 714MPa、554MPa 和 183MPa；由于第二层修复的热作用，C 处 x、y 向应力得到进一步释放，而 z 向则出现了较大的拉应力，峰值达到 150MPa。因此，热修复使得 U 形槽的底部较侧壁应力水平高，同时修复区与基体结合部分承受了较大的拉应力。

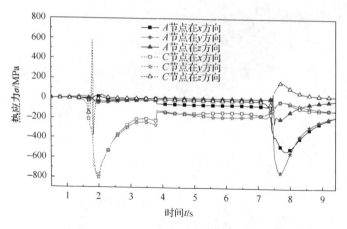

图 2-15 A、C 两节点瞬时热应力曲线

激光热修复完成后，基体自然冷却 800s，基体 x、y 和 z 方向路径上的 Mises 残余应力分布如图 2-16 所示，可以看出经过一定时间的应力释放和形变，修复区与基体的结合部分成为应力集中区域，且修复结束端的熔层附近呈现出较起始端更高的应力分布。根据大量的激光熔覆实验，熔层结合部位较易出现冷、热裂纹缺陷，且扩展方向以横向和纵向为主，认为热应力集中是造成熔层开裂的主要原因，因此须采取措施改善修复后基体的应力分布状态。

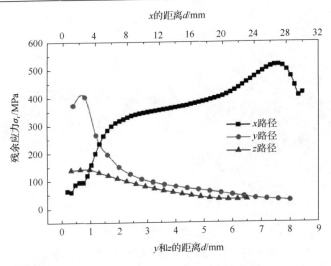

图 2-16　基体不同路径上残余应力值

　　已修复基体自然冷却 1200s 之后，整体温度已接近室温，残余应力应变分布达到稳态，如图 2-17 所示为此时基体应力应变的分布云图。由于基体在冷却过程中材料收缩仍在进行，因此图 2-14 中的应力集中在向周围释放的同时，最大应力值又有所上升，如图 2-17(a) 所示修复区近表层的最大应力达到了 492MPa，与之相对应，如图 2-17(b) 所示热应变也集中发生于该区域，由基体形变可知主要为收缩应变，方向则指向修复区的中部，这种不利的分布特性是造成修复区开裂和使用性能降低的重要因素，因此改善这一区域的残余应力应变分布状态成为提高激光热修复质量的重要手段。

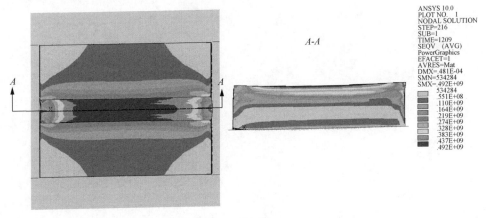

(a) Mises平均应力

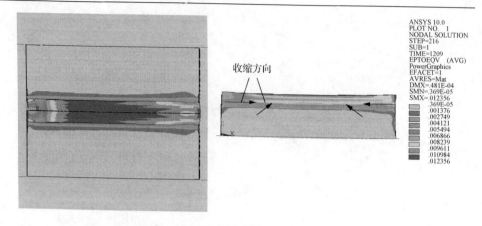

(b) Mises平均应变

图 2-17 激光热修复基体的残余应力应变场

通过对灰铸铁修复区激光重熔的数值建模研究，获得了激光熔池热作用过程中基材各关键位置的热响应数据，包括时程温度分布和热应力、热变形分布等。作为有效的分析手段，定量的热响应结果配合相应区域材料相变和主要组成相行为过程，能够更透彻地分析修复区熔池的热作用规律。

第3章　灰铸铁表面的激光热修复实验研究

激光热修复过程中材料的热响应是基础，借助理论分析和数值手段，能够揭示热修复基体的瞬、稳态热响应规律，而修复任务的实际完成及对热修复工艺的优化还依赖于对材料组织转变特性的明确。因此，首先通过实验研究修复过程中基体各区域的显微组织特性及转变规律，对影响材料性能的石墨相的形态特征及形成机制进行讨论；然后，设计激光热修复试样的弯曲断裂实验，研究修复区与基体的冶金结合状态和结合强度[113-115]，通过对断口形貌和断裂峰值载荷的分析，明确材料在集中应力作用下的断裂机制，并对激光热修复材料的开裂过程和修复区结合强度的影响规律进行对比讨论。

3.1　灰铸铁表面激光热修复实验设计

激光热修复的实现首先应确定修复方法和修复所用的材料，涉及激光修复设备和工艺、待修复基体及其修复填充的粉末材料等，采用的激光热修复系统如图 3-1 所示。

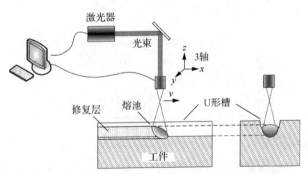

图 3-1　激光热修复系统示意图

3.1.1　实验设备和工艺

由于待修复裂纹的表面去除量一般较大，因此为达到一定的熔透深度，须采用大功率激光发生设备。实验采用国产 DL-HL-T5000 型横流 CO_2 激光器，搭配 DL-LPM-IV 型多功能激光数控加工机床，如图 3-2 所示，激光器激发气体为 CO_2、N_2、Ar，体积比为 1：8：7，输出激光波长 10.6μm，最高输出功率 5kW，功率不稳定态小于等于±2%，光束发散角小于 15mrad。铸铁基体试样放置于激光器数控机床的载物平台上，确定修复工艺和参数后编制加工程序，控制激光器和机床开始修复加工。

图 3-2　激光热修复设备

修复工艺方面，在同一扫描轨迹和方向上进行两层修复，选用的激光工艺参数范围列于表 3-1，激光的光斑直径应略大于 U 形槽宽度以保证槽的两侧也同时参与熔凝，因此对光斑进行修复前标定，不将其作为可变参数。另外，由于首层修复的预热作用，而激光器功率调整较为缓慢，同时考虑到 U 形槽侧壁有一定的加工斜度，第二层修复时保持功率不变，适当提高扫描速度并增大光斑半径，以达到降低能耗和扩大熔凝面积的效果。

表 3-1　激光热修复工艺参数

层	激光功率/W	扫描速度/(mm/min)	光斑半径/mm
第一层	$P_1=2800\sim3400$	$v_1=360\sim540$	$r_1=3\sim4$
第二层	$P_2=2800\sim3400$	$v_2=1.2\times v_1$	$r_2=1.1\times r_1$

3.1.2　待修复基体材料

基体选用齿轮箱体及发动机缸体等部件常用的牌号为 HT250 型普通灰铸铁材料，为铁基高碳多元合金，其成分见表 3-2，其中碳的存在形式主要为石墨晶体和 Fe-C 多元化合物，取截面用 3%硝酸酒精溶液腐蚀得到显微组织如图 3-3 所示，原始组织为铁素体 F、珠光体 P 和片状石墨 G 及极少量的磷共晶等[107]，制取的试样尺寸为 40mm×20mm×8mm。

表 3-2　HT250 基体的化学成分　　　[单位：%（质量分数）]

C	Si	Mn	P	S	Fe
3.55	1.58	0.76	0.09	0.08	93.94

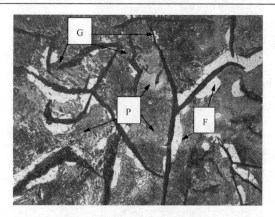

图 3-3　HT250 基体的微观组织

根据 Fe-C 合金相图，由 C 含量可知 HT250 熔点约为 1240℃，亚共晶和共析温度分别约为 1135℃ 和 727℃，但由于图中的相区和相变临界点数据来自符合热力学平衡条件的实验或热力学计算，部分状态难以在实际相变中出现，因此需要进一步实验或生产取样中的实际相变温度数据作为确定依据，为了便于对修复过程中的温度和组织进行分析，根据实验和生产取样测定，给出灰铸铁奥氏体析出温度 T_γ、奥氏体固相线温度 $T_{\gamma s}$ 和石墨相析出温度 T_g 的表达式为[60]

$$T_\gamma = 1569 - 97.3(\text{C\%}) + 0.25(\text{Si\%})$$
$$T_{\gamma s} = 1528.4 - 177.9[(\text{C\%}) + 0.18(\text{Si\%})] \qquad (3\text{-}1)$$
$$T_g = 389.1[(\text{C\%}) + 0.33(\text{Si\%})] - 503.2$$

式中，C% 和 Si% 分别为铸铁中碳和硅的质量分数。

在对铸铁基体表面裂纹进行修复实验之前需先将裂纹去除，为模拟裂纹去除效果，同时考虑提高实验效率，在试样表面加工一道深 2.5～3.5mm、宽 3～4mm 的 U 形槽，打磨抛光并用无水酒精和丙酮清洗、烘干，预加工 U 形槽和预置粉末试样表面如图 3-4 所示。

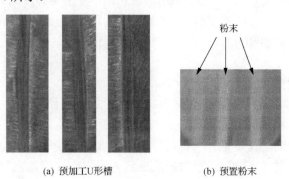

(a) 预加工U形槽　　　　　　　　(b) 预置粉末

图 3-4　HT250 试样上表面

3.1.3　修复用合金粉末

激光热修复实验中合金粉末采用预置法提前铺设于基体表面的 U 形槽中，粉末及附近的基体材料在激光能量作用下瞬间熔化，大量针对灰铸铁的焊接实践表明其可焊性较差[60,116,117]。因此选择修复材料时须考虑填充粉末与基体材料之间要具有良好的润湿性，且热物性参数如热膨胀系数、导热系数和熔点等尽量与基材接近。激光熔覆工业应用中常用的熔覆材料一般有 Co 基合金、Ni 基合金和 Fe 基合金及这三种熔覆材料与碳化物或氧化物陶瓷相组成的复合粉末。铁基粉末材料与常用灰铸铁材料成分相似，且与 Ni 基、Co 基合金相比价格便宜，具有明显的经济优势，因此选择热喷涂工业中常用的 Fe 基自熔性粉末作为填充材料。

实验采用的合金粉末材料为北京矿冶研究总院金属材料研究所生产的 Fe 基热喷涂粉末 Fe313、Fe314 和不锈钢粉末 316L，化学成分见表 3-3，粒度为 150～250μm，泊松比为 2.8～4.8，通过实验对不同粉末类型的修复效果进行对比。

表 3-3　修复用合金粉末的化学成分　　［单位：%（质量分数）］

材料	C	Si	Cr	B	Mn	Mo	P	S	Ni	Fe
Fe313	0.1	1	15	1	—	—	—	—	—	82.9
Fe314	0.1	1	15	1	—	—	—	—	10	72.9
316L	0.03	0.8	16	—	2	2.4	0.03	0.02	12.5	66.22

注："—"表示不含有该元素。

3.2　热修复区组织特性分析

激光热修复完成后，热修复试样在空气中自然冷却至室温，观察修复区截面的微观组织并进行分析。采用 DK7725 型电火花线切割机垂直于修复轨迹将试样切割，截面打磨抛光后用 4%硝酸酒精溶液腐蚀，分别在 HITACHI S-4800 型扫描电子显微镜（SEM）和 MBA-1000 型光学显微镜（OM）下对不同热作用区的显微组织形貌分别进行观察和分析。

3.2.1　修复区组织形貌

Fe313、Fe314 和 316L 修复试样的宏观形貌分别如图 3-5（a）、图 3-5（c）和图 3-5（e）所示，由于激光光斑中心的能量密度高于边缘，且凝固时热流方向性明显，可以看到截面上呈现近似为抛物线形状的典型熔凝轮廓，而靠近基体处富含石墨使得局部热传导不均匀，所以轮廓曲线并不规则。因激光热修复的熔凝深度有限，图 3-5（b）、图 3-5（d）和图 3-5（f）中可以看到明显的组织过渡，为了方便描述和分析，试样截面自下而上分为基体区(matrix zone, MZ)、热影响区(heat affected zone, HAZ)、熔合区(fusion zone, FZ)和修复区(repaired zone, RZ)，其中基体区在修复前后均为原始组织，因此对发生组织转变的三个区域进行分析。

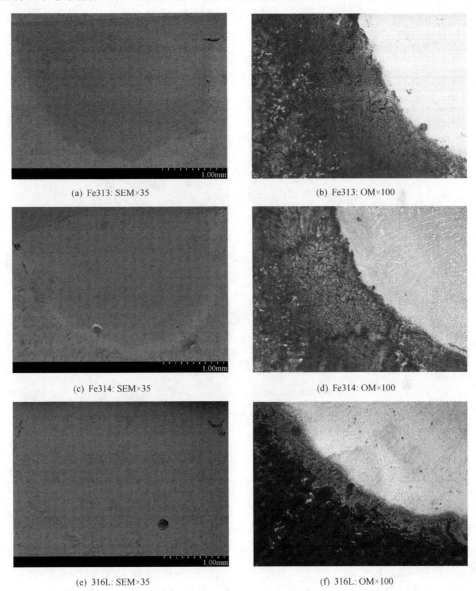

(a) Fe313: SEM×35　　　　　　　　(b) Fe313: OM×100

(c) Fe314: SEM×35　　　　　　　　(d) Fe314: OM×100

(e) 316L: SEM×35　　　　　　　　(f) 316L: OM×100

图 3-5　修复试样截面的形貌

1. 热影响区

熔合层与基体之间为热影响区，其特征为加热温度在亚共晶和共析转变温度之间，因此修复过程中组织仅发生了固态相变，光学显微镜下的组织如图 3-6 所示，由于没有形成熔池，热影响区基本没有与熔合区发生成分稀释和渗透，因此可以看到三种试样的热影响区组织形态基本一致；同时，与修复区和熔合区相比，热影响区的温度梯度较小，组织过渡平缓，原始石墨 G 并未熔解，而由大量珠光体 P 和少量铁素体 F 组成的下半部分原始组织，在上半部分中已转变为以铁素体 F 为主另有少量细针或隐针马氏体 M 和块状渗碳体 Fe_3C 等组成的共析组织，整体来看，得到了与文献[42]和文献[43]中激光仿生处理相似的热影响区组织。

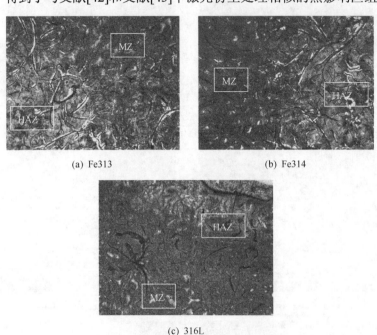

(a) Fe313　　　　　　　　　　　(b) Fe314

(c) 316L

图 3-6　热影响区金相组织×200

根据 Fe-C 合金相图和组织的双向转变特性，在温升超过共析温度点后，基体中开始发生 α→γ 转变，即原始珠光体 P 开始分解为铁素体 F 和渗碳体 Fe_3C，而珠光体 P 则转变为奥氏体 A，温度继续升高，基体中的原始铁素体 F 也在向奥氏体 A 转变，同时有少量碳元素溶入奥氏体 A 内，由于熔池的移动迅速，珠光体 P 和铁素体 F 的转变并不完全，此时的热影响区主要为不稳定的 A+P+F+G 非平衡组织；当熔池远离，温度降至共析温度，则发生 γ→α 转变，即奥氏体 A 又开始向铁素体 F 转变，并依托石墨片生长。此外，快冷使得部分奥氏体 A 转变不完全形成残余奥氏体 Ar，同时碳又从奥氏体 A 中脱溶，由于固相中碳原子的活跃度低，不易形成二次石墨，因此直接与其周围的铁原子化合，析出了二次高碳相渗碳体 Fe_3C，至室温后得到了图 3-6(c)中复杂多相的 F+M+Ar+Fe_3C+G 的组织形态。

2. 熔合区

熔合区位于热影响区和修复区之间，峰值温度可升至共晶点以上，属于熔池边缘的微熔区，包括熔池直接作用部分和熔质渗透稀释部分，因此熔合区内仍有明显的组织过渡。基体附近巨大的冷速造成过冷度较其他区域更高，因此受到快速熔凝和材料稀释的双重作用，形成了特殊的组织形貌，如图 3-7 所示，可以看到熔合区组成相主要有莱氏体 Ld、针状马氏体 M、铁素体 F、树枝奥氏体 A 和块状渗碳体 Fe_3C 等，物相复杂的主要成因是碳的存在形式，该区域的大量石墨片被熔解，而过冷则导致碳不能重新析出为石墨形态，因此分别溶入 α-Fe、γ-Fe 形成铁素体 F、奥氏体 A，或与 Fe 化合形成渗碳体 Fe_3C，而速冷使得部分 A 未转化便与 Fe_3C 形成共晶 Ld，也有少量 A 转变为 P 并与 Fe_3C 共晶成二次 Ld。另外，仍可见少量石墨片残留，形成了复杂的机械混合体。

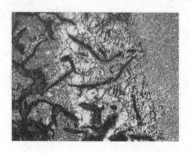
(a) Fe313

(b) Fe314

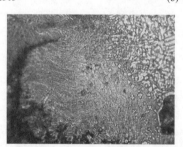
(c) 316L

图 3-7　熔合区组织形貌×200

如图 3-7(a) 所示 Fe313 熔合区渗碳体 Fe_3C 最多，且相连形成了一定的白口组织，而图 3-7(b) 中 Fe314 由于 Ni 含量较多，奥氏体 A 增多而共晶渗碳体 Fe_3C 减少，而 A 在快冷过程中容易保持较高的碳含量，且 Ni 与 γ-Fe 可形成无限固溶体，这也提高了 A 的稳定性，但由于石墨熔解严重，也形成了高碳马氏体 M 与莱氏体 Ld 并存的硬质相机械混合物。图 3-7(c) 中 316L 组织较为单一，极细小的隐针马氏体 M 占绝大多数，将石墨片包围其中，另有少量 Ld、A 和分布于晶界的 Fe_3C 存在。

由于凝固过程中冷却速度极快，先共晶 A 形核率很高，组织细化，同时熔合区中具有成分过冷条件，在固液界面前沿存在成分过冷区，因此 A 为枝晶形态；而变态莱氏体 Ld 由树枝状的 Fe₃C 和奥氏体 A 组成，其中 A 在激冷后转变为马氏体 M+残余奥氏体 Ar，该转变产物与正常的莱氏体组织不同。此外，因在熔池的固液界面前沿存在一个很大的成分过冷区，初生的奥氏体以树枝状方式长大，而树枝间莱氏体则为极细的平行渗碳体片和奥氏体片组成的共晶体，在随后的冷却过程中，奥氏体转变为马氏体，因此熔合层形成了由细小的树枝 M+Ar 和树枝间弥散的层片状变态莱氏体组成的变态亚共晶白口组织。

接近熔合区的部分加热温度接近灰铸铁的熔点，原始组织迅速发生奥氏体化，同时部分石墨溶入奥氏体中，但由于激光加热速度较快，碳和合金元素来不及均匀扩散，因此奥氏体中成分并不均匀，在石墨附近的奥氏体中碳浓度较高，马氏体转变温度(Ms)点降低，快冷后形成了高碳针状马氏体和残余奥氏体，而在远离石墨处奥氏体的碳浓度较低，快冷后形成混合型马氏体和残余奥氏体，随层深的增加温度降低，石墨熔解速度减慢，奥氏体内碳浓度差减小，快冷后则得到隐针马氏体 M+残余奥氏体 Ar+片状石墨 G 组织。过渡层位于热影响区和原始组织之间，由于加热温度更低，奥氏体化更不完全，原珠光体中的共析渗碳体未完全熔解，因而快冷后得到的组织为隐针马氏体 M+残余奥氏体 Ar+石墨 G+少量未熔渗碳体 Fe₃C，为细小的变态亚共晶白口组织。

3. 修复区

随着柱状晶的生长和熔池的迅速冷却，修复区底部，枝晶的主干因继承了熔合区柱晶的生长趋势，其方向大致平行于熔质的最大散热方向，因而具有明显的外延性生长特征[118]。在枝晶生长过程中熔质的浓度梯度促使熔质从粗晶向细晶处扩散，因熔池底部的凝固时间较长，扩散过程充分，所以如图 3-8(a)、图 3-8(c)、图 3-8(e)所示可以观察到二次枝晶臂的部分粗化。

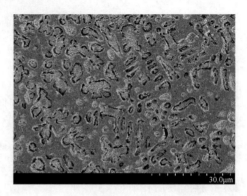

(a) Fe313: OM×100　　　　　　　　　　　(b) Fe313: SEM×1500

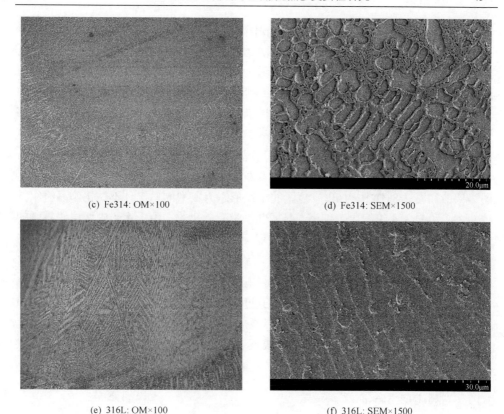

(c) Fe314: OM×100　　　　　　　　　　(d) Fe314: SEM×1500

(e) 316L: OM×100　　　　　　　　　　(f) 316L: SEM×1500

图 3-8　修复区组织形貌

在修复区中部，成分过冷度增大、形核率增高，已形成的柱晶开始细化或停止生长，更多新的晶粒开始生长，所以趋向于形成更细小的树枝晶组织，受熔质成分和温度不均匀的影响，晶粒大小及生长方向呈现区域性，这一过程中非均匀形核是凝固结晶的主要机制，其形核质点主要来自三个方面：①成分过冷形核，随着熔池边缘区域柱晶组织的外延生长，凝固结晶温度条件不断改变，在一些柱晶顶端受成分过热的驱动，形成新的晶核，溶液对流作用下发生扩散，但扩散有限，过冷条件下迅速停止，从而形成非均匀形核质点；②部分已结晶的柱晶及其分枝被对流的溶质冲断，随熔质移动至熔池中部，成为树枝晶结晶的核心，这一类枝晶的根部一般较为粗大，由于该区域的散热条件好于熔池底部，枝晶向表层方向生长；③熔池中部的结晶组织向上的生长受阻，所以主要以非均质形核和长大为主，由于冷却速度快，晶粒细化，并没有明显的方向性。

不同材料间的晶粒类型不同，图 3-8(a) 和图 3-8(b) 中的 Fe313 修复区与熔合区的结合界面处主要为平面晶和柱晶组织，这是由形核生长迅速且互相挤压造成的，基本没有分支，但短暂生长后即转变为图 3-8(d) 中的等轴晶，可以看到整个修复区基本上都由等轴晶群占据，仅在中部有粗化的结合层，这主要是由二次修复时组织重熔结晶时晶粒有机会继承性长大而形成的。图 3-8(c) 中 Fe314 修复区界面处的组织形态与图 3-8(a) 类似，之后为大体垂直于界面生长的柱状树枝晶，随结晶过程的进行，熔池温度下降，周围是刚结晶的金属，故温度梯度下降，同时熔池的结晶速度加快导致成分过冷增加，因而结晶形态向树枝晶转变，向修复区中部过渡部分为多方向生长的树枝晶；如图 3-8(d) 所示，同时晶粒有所细化，但远离界面处的树枝晶上端较粗，成因与 Fe313 情况相同，接近外表面的区域枝晶也转变为等轴晶，形成与图 3-8(a) 中相似的等轴晶群，但仍有少量断裂的细小枝晶碎片。而图 3-8(e) 和图 3-8(f) 中 316L 修复区的组织形态为典型的奥氏体不锈钢胞晶组织，较 Fe313 和 Fe314 组织更为细密，晶间几乎没有析出物。由于实验中两层修复区的成分一致，已形成的枝晶成为第二层修复天然的形核基质，因此熔池中液态金属在前一层修复区枝晶的基础上形核继续生长[119]，呈现明显的组织继承性。

　　总的来说，三种材料修复试样都得到了细小致密的修复区组织，而作为强化手段之一，晶粒细化不仅能提高材料的硬度和强度，还能明显改善材料的塑性和韧性，因此相对于灰铸铁基体来说，修复区具有较高的抗裂能力；此外，修复区相变区马氏体转变导致体积膨胀，形成残余压应力，也改善了材料表面的应力状态，达到较强冶金结合的同时保证了修复区的机械性能。

3.2.2　石墨相形态特征

　　灰铸铁中石墨的形态和分布直接影响着灰铸铁材料的力学性能[120]，而进行激光热修复处理的基体组织发生了液态和固态相变，区域特征明显，与此同时，石墨作为相对独立的组成相，也在快速熔凝中发生反应。将激光热修复试样的横截面抛光制成金相试样，并使用 4%硝酸酒精溶液腐蚀 10s 左右，将腐蚀杂质冲洗干净后再次抛光，在光学显微镜下观察，各组试样的横截面均呈现了类似于如图 3-9 所示的石墨分布。

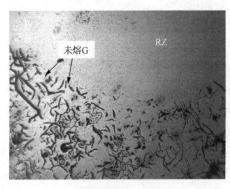　　　　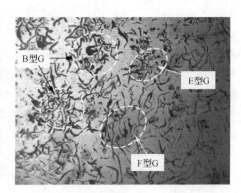

(a) 修复区×100　　　　　　　　　　　　(b) 熔合区×100

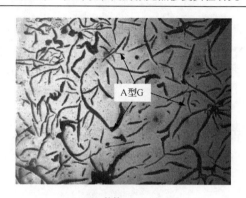

(c) 基体×100

图 3-9　石墨形态及分布

由图 3-9(a)可以看到，除了熔合区附近有少量未熔石墨外，修复区中几乎没有单独析出的石墨，少量熔解成碳的石墨在较大过冷度的条件下，不能自由析出并重结晶成石墨，从而与铁直接化合或固溶，形成特殊的高碳组织；如图 3-9(b)所示的熔合区中石墨相明显发生了重新结晶、分布，如图 3-9(c)所示的原基体中的 A 型粗片状石墨基本消失，取而代之的是由 B 型菊花状+E 型枝晶片状+F 型星状组成的复杂混合型石墨形态，而 B 型石墨常出现在碳当量高且结晶核心较少的情况下，共晶团比较大，但由于结晶初期冷却速度大，所以中心石墨片较细小。E 型石墨的形成则要求较低的碳含量，冷凝时能够首先形成奥氏体初晶，随后在树枝晶间发生共晶反应，形成晶间细片状石墨。F 型石墨是由星形和短片状石墨均匀混合而成，需要较高的碳含量。由此可知，快速凝固使得修复区及熔合区形成了一定程度的成分偏析，碳含量不够均匀，总体来看石墨片形态较复杂，石墨片体较基体石墨更细小，削弱了粗片石墨对材料的割裂作用。

3.3　热修复试样的断裂特性分析

灰铸铁基体表面经激光热修复处理后，修复区与基体形成了充分的冶金结合，但各区域的组织和成分仍有较大差异，同时基体热影响区也存在未熔组织相变，这些对材料的性能都有一定影响。因此，需要对激光热修复区的结合强度进行明确，由于修复区形状细长且灰铸铁材料的脆性特征，弯曲断裂实验是较合适的测试方式，试样表面正应力大、对裂纹缺陷敏感，常被用于检验熔层性能，表征熔层与基体的结合强度[113-115]。考虑到三点加载方式的应用广泛，其加载过程简单、结果直观且便于分析，因此采用三点弯曲加载，对弯断实验进行设计并制备长条形试样。

3.3.1　三点弯断试验设计

分别选取相同修复工艺和参数条件下三种材料的修复样品，与未经激光处理过的完整 HT250 基体样品进行对比，为充分体现修复区的影响，试样需要完全包括修复区且使其占据一定的比例，实验中上表面修复区所占面积取为 1/3，在电火花线切割机床上切割制备如图 3-10 所示的弯断试样，试样长度方向与激光扫描方向一致。

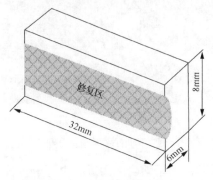

图 3-10　弯断试样尺寸

　　弯断试样在 WDW-100D 型万能试验机上进行三点弯曲试验，试验机最大试验力 100kN，精度等级 0.5，图 3-11 为试验设备和试样的放置示意图，两支撑点跨度 20mm，试样的修复区表面朝向外侧放置。

(a) 弯曲试验机　　　　　　　　　　　　　　　　(b) 加载装置

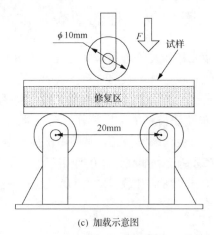

(c) 加载示意图

图 3-11　三点弯曲试验装置及加载示意图

如图 3-11 所示。试样受拉一侧表面所受最大应力表达式为

$$\sigma = \frac{M}{V} = \frac{PL/4}{bh^2/6} = \frac{3}{2}\frac{PL}{bh^2} \tag{3-2}$$

式中，σ 为最大应力，MPa；P 为上压头载荷，MN；L 为两支点跨距，mm；b 和 h 分别为试样宽度和高度，mm。其中，$L = 20\text{mm}$，$b = 6\text{mm}$，$h = 8\text{mm}$，上压头直径为 10mm。

制备的修复试样放置于在三点弯曲试验机的下压头上，通过上压头对试样持续加载。提取不同试样的弯断过程的载荷-位移数据并绘制成曲线，并观察弯断试样的断口形貌，综合分析其断裂特性，也可以间接反映组织对修复区性能的影响。

3.3.2　试样断口形貌分析

HT250 试样的断口形貌如图 3-12 所示，可以看到宏观断面粗糙，多为锯齿块状和层片状花样，较大的解理面平坦有光泽，为脆性断面，较小的解理面局部附着有撕裂状碎片，由于珠光体、铁素体组织也具有一定的塑性，因此在局部也表现出了延性断裂的特点。此外，由于解理裂纹主要沿粗大石墨片扩展，所以在断口上可观察到大量石墨组织脱断留下的孔洞和沟槽。因此可以认为在微观上 HT250 内部存在延性断裂行为，但在宏观上，由于石墨片的割裂，局部较低的塑性行为表现成为宏观的脆性行为，试样基体材料的断裂机制以脆性解理断裂为主。

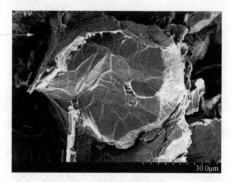

(a) SEM×50　　　　　　　　　　　　　　　(b) SEM×1500

图 3-12　HT250 试样的断口形貌

图 3-13～图 3-15 分别为 Fe313、Fe314 和 316L 修复区弯断试样的断口宏观、微观形貌，可以看出，在垂直激光修复方向上的修复区和基体的横向断口断裂特征有所不同，但在熔合区有所过渡，未见修复区与基体的明显剥离，说明结合较为紧密，变形开裂的一致性较好。如图 3-13(a) 所示，Fe313 试样修复区部分的宏观断口的裂面较平整，其上可见明显的显微区和放射线花样，发散方向是裂纹扩展方向，可知该处断面是由大量独立裂纹相互连接并最终扩展而成，为典型的延

性断裂特征。图 3-13(b)为图 3-13（a)中熔合区的显微形貌，左侧基体部分断口几乎完全垂直于拉应力方向，断面平坦、形态规则，呈现了较图 3-12 中 HT250 试样更为明确的脆性断裂特征。主要原因是熔合区过冷度大、冷速快，根据该处的组织分析发现生成了部分渗碳体组织，其质地脆硬，因此一旦开裂即表现为典型的解理脆断特性。而右侧的准解理面为台阶状交替出现，其中分布着大量以韧窝为主并伴有网状相连的撕裂棱，说明在熔合区材料已经出现了塑性变形。

(a) 宏观SEM×35　　　　　　　　　　　(b) 熔合区SEM×1000

(c) 修复区SEM×1500　　　　　　　　　　(d) 熔合区SEM×1500

图 3-13　Fe313 试样的断口形貌

(a) 宏观SEM×35　　　　　　　　　　　(b) 熔合区SEM×1000

(c) 修复区SEM×1500　　　　　　　(d) 熔合区SEM×1500

图 3-14　Fe314 试样的断口形貌

(a) 宏观SEM×35　　　　　　　(b) 熔合区SEM×1000

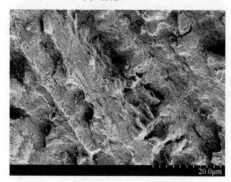 

(c) 修复区SEM×2000　　　　　　　(d) 熔合区SEM×2000

图 3-15　316L 试样的断口形貌

　　为了进一步明确修复区不同位置的开裂机制，分别选择熔合区和修复区的两个位置进行高倍显微观察，如图 3-13(c) 和图 3-13(d) 所示，发现断口均为典型的沿晶韧窝形貌，大量撕裂的柱晶和胞晶留下了明显的韧窝空隙，因此从微观来看，材料的沿晶开裂特征明显，对比韧窝形态可见图 3-13(c) 中的晶粒较图 3-13(d) 中更为细小且方向杂乱，而图 3-13(d)由于处于两层修复的重熔区，晶粒粗壮且方向性强，这与微观组织分析的情形一致。

由于组织的差异，在图 3-13(c)中熔合区仍可见少量脆性的准解理断裂特征，如图中的多层柱状组织，四周有较深的沟槽将其与附近的组织割裂开来，从显微组织分析中得知，该处仍存在少量石墨及伴随其结晶析出的片状脆硬马氏体和下贝氏体，因此较深的沟槽应该是由石墨从断口脱离造成的。因此微观域中的沿晶韧窝断裂性质介于延性和脆性断裂之间，该处的修复区材料较基体有更好的断裂韧性。

如图 3-14 所示为 Fe314 修复试样的断口形貌，由于修复工艺参数相同、材料相似，其断口形貌与图 3-13 中 Fe313 试样大致相同，修复区断面上的放射线花样更为密集，但方向性不强，同时能够看到出现了较多的撕裂棱花样，均为延性断裂特征，熔合区断面平坦有光泽，无裂纹扩展痕迹，存在阶梯状解理面，其中分布着沿晶韧窝，因此宏观上同样为延性和脆性混合断裂机制。

316L 修复试样断口形貌如图 3-15 所示，由图 3-15(a)中的宏观形貌可见修复区断口组织更为细密，断面的放射线花样不明显并发现有剪切唇出现；对熔合区进行放大观察如图 3-15(b)所示，由基体向修复区为准解理脆性断裂向延性断裂的过渡，图 3-15(d)进一步放大熔合区形貌可以发现局部的断裂特性差别明显，右侧为层片状脆性开裂，而左侧为细小韧窝状延性开裂；观察修复区端口的显微形貌如图 3-15(c)所示，开裂情况与 Fe313 和 Fe314 试样相似，为沿晶开裂，但由于 316L 修复区为奥氏体不锈钢组织，从组织分析可以看到晶粒更为密实，晶界析出物较少，因此其韧性较强，主要表现为晶界处撕裂痕迹更为明显，沿晶韧窝较深，晶界的空间网状强化结构效果更强，因此宏观上以延性断裂特征为主，具有较大的抗拉强度；另一方面，因为断裂韧性与显微组织关系密切，细化的晶粒位错滑移距离短，相应的集中应力小，又因为晶粒越细，晶界则越多，开裂的路径增多，扩展能量被稀释，因而晶界对裂纹穿过的阻碍作用越大，要越过晶界产生的失稳扩展就需要消耗更多能量。此外，晶粒的细化还降低了韧脆转变温度，提高了解理断裂强度，这有利于发生微孔聚合型的延性断裂，因此表面附近和中下部的晶粒细化使得修复区有更大的抗裂能力和更高的断裂韧性。

3.3.3 弯断载荷-位移曲线

试样弯断过程中的载荷(F)-位移(s)曲线如图 3-16 所示，加载和卸载过程，未经激光修复的 HT250 试样的 F-s 趋势近似呈一条直线，为典型的脆性断裂，此时试样受拉一侧已经开裂，在巨大应力作用下迅速扩展，因此表现为载荷由峰值 2.23kN 迅速卸载至零。而带有修复区的三个试样的 F-s 曲线在接近峰值时呈现一定曲率，且载荷峰值均略高出原基体约 0.12kN，可以推测试样受拉一侧开裂正常发生。但由于修复区组织致密且主要为奥氏体或珠光体+残余奥氏体组织，几乎不含有独立存在的片状石墨相，具有较铸铁更高的抗拉强度，因此裂纹扩展至修复区边界受到了阻碍，导致扩展缓慢。体现在 *F-s* 曲线上则是峰值附近为短暂的屈服过程，达到屈服极限之后裂纹穿过修复区继续扩展，最终试样整体断裂并完成卸载。图 3-16 中 316L 试样的加载过程与其他试样略有不同，*F* 升至 1.5kN 时曲线斜率变小，此时试样的开裂加剧，这可能是由于材料内部存在的微裂纹或气孔缺陷诱发了裂纹的迅速扩展。

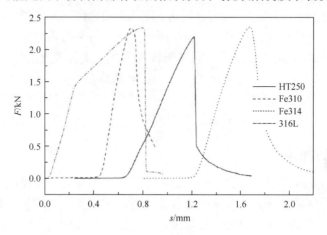

图 3-16　载荷-位移曲线

3.4　热修复区的阻裂行为机制

铸铁基体在开裂时的主裂纹是通过与其尖端附近的石墨片空腔不断桥接实现扩展的，主裂纹始终保持垂直于最大拉应力方向，并在其两侧形成许多分支，而通过对试样断裂特性的分析得知，在外部集中拉应力的作用下，激光修复区的存在对铸铁基体的断裂特性产生了影响，主要表现为阻碍裂纹扩展，提高断裂韧性和峰值载荷。

3.4.1　修复区阻裂模型

为了对修复区的断裂影响规律进行深入分析，揭示裂纹的扩展和受阻机制，建立开裂过程的简化模型如图 3-17 中所示，其中箭头表示裂纹扩展方向。

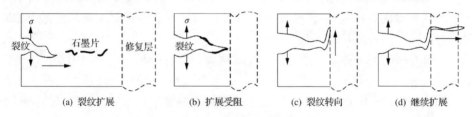

图 3-17　修复区开裂模型

　　铸铁基体中富含无强度的石墨片，相当于空腔，因此，当图 3-17(a) 中试样的受拉边界在持续拉应力的作用下出现初始裂纹时，则该方向上分布的石墨立刻成为裂纹的扩展路径，基体被迅速撕裂，F-s 变化斜率近似为一条直线。而裂纹扩展至修复区附近时，如图 3-17(b) 所示，熔合区的石墨片数量骤减、组织更为致密，造成裂纹在原开裂方向上的扩展阻力增大，因此扩展方向被迫由横向改为纵向，寻找新的应力集中点，如图 3-17(c) 所示。在遇到熔合区局部富集的石墨相或已存在的微裂纹时，修复区受拉一侧的裂纹源产生，此时应力再次集中，开裂方向又恢复为横向；如图 3-17(d) 所示。且由于修复区在一定程度上具有塑性抗拉作用，F-s 曲线变化呈弧形，与无修复区的基体相比峰值载荷略有提高，此后裂纹在修复区中迅速扩展并导致试样断裂。这是由于修复区与基体的结合区过冷析出针、片状马氏体和贝氏体，质地脆硬类似白口组织，裂纹一旦产生便迅速扩展。

3.4.2　开裂方向的偏转

　　根据对修复区阻裂模型的分析，基体开裂方向的偏转是激光热修复区的主要作用特征，特别是当该方向垂直于修复轨迹时，作用会更为明显。开裂方向的偏转体现了偏转所在位置材料的阻裂效果，与直线形开裂相比，方向的频繁转换造成了扩展路径延长，继续开裂则需要更多的断裂功作用[121]。根据 Suresh[122] 的研究，偏转或分叉开裂的主裂纹的应力强度因子范围可以用偏折角表示为

$$\Delta k = \left[D' \cos^2\left(\frac{\theta}{2}\right) + (1 - D') \right] \Delta K_{\mathrm{I}} \qquad (3\text{-}3)$$

式中，Δk 为偏转开裂的有效应力强度因子范围的平均值；$D' = D/(D+S)$ 为偏转长度比，其中，D 为裂纹沿非主开裂方向的偏转长度，S 为裂纹沿主开裂方向的直线长度；θ 为偏转角度；ΔK_{I} 为远场应力强度因子范围，下标 I 型裂纹扩展方式。若沿开裂原始方向测量开裂长度，则扩展速度 da/dN 可作如下推导：

$$\frac{\mathrm{d}a}{\mathrm{d}N} = \left[D' \cos^2\left(\frac{\theta}{2}\right) + (1 - D') \right] \left(\frac{\mathrm{d}a}{\mathrm{d}N}\right)_1 \qquad (3\text{-}4)$$

式中，$(da/dN)_1$ 为在相同有效应力强度因子范围内直线开裂扩展的速率，下标 1 表示沿直线方向。由式 (3-2) 和式 (3-4) 可知，偏转开裂的扩展速率总是低于相同驱动力情况下的直线开裂。

　　开裂方向的偏转体现了激光热修复试样阻裂特性的另外一个原因是，当断口裂纹从有利的应力状态方向转向另一个原本不利但当前有利的应力状态下扩展时，其扩展驱动力明显减小，这降低了开裂扩展的速率。偏转后的开裂方向与原方向成一个偏转角 θ，此时有效扩展应力 σ_e 垂直于开裂前进方向，表达如下：

$$\sigma_e = \sigma_{max} \cos\theta \tag{3-5}$$

式中，σ_{max} 为远场最大拉应力平均值。由式 (3-5) 可知，开裂方向的偏转角度越大，开裂扩展的有效应力越小。根据断裂力学中裂纹尖端应力强度因子的概念，将有效应力和裂纹长度引入其表达式：

$$\Delta K_e = Y \Delta \sigma_e \sqrt{\alpha} \tag{3-6}$$

式中，Y 为试样的尺寸修正系数；α 为裂纹长度。由 Paris 和 Erdogan 关系式[123]：

$$\frac{da}{dN} = c(\Delta K_e)^m \tag{3-7}$$

式中，c 和 m 分别为材料相关的常数。由定性分析可知，随开裂的有效应力减小，断口前端的有效应力强度因子范围和扩展速率均随之降低，因此修复试样表现出了阻裂特性。

第4章 激光热修复过程的影响因素研究

激光热修复的基材表面熔凝充分，修复区组织的形成与热修复温度场梯度和冷却速度密切相关，除粉末、基材的影响外，温度变化及由此引起的热应力是影响修复区特性的主要因素。因此要改善激光修复效果和提高修复区性能，可以从优化瞬、稳态温度场、应力应变分布入手。通过分析主要工艺环节发现，待修复基体的尺寸、基体周围的环境介质及激光参数是较为重要的影响因素，其中基体尺寸效应的存在使针对不同尺寸的待修复试样需要制定相应的修复工艺[124-126]，而环境介质和激光参数的影响很大且贯穿于修复过程始终[127-132]。因此首先对待修复基体的尺寸效应进行研究，量化基体三维尺寸的影响，并提出相应的优化措施；然后分别针对空气、纯水和淬火油三种典型环境介质建立相应的模型，明确各自的作用机制，据此对不同的修复区性能要求提出相应的辅助修复方法；参数影响方面，通过仿真模拟探究激光参数与温度场及熔池行为的对应关系，并结合修复实验给出其对修复区开裂和组织显微硬度的影响规律。

4.1 激光热修复基体的尺寸效应

激光热修复过程中，待修复基体的尺寸对其热响应规律是有影响的，目前的研究还主要针对厚度的变化[125]，对于三维尺寸不同的待修复件，如何选择工艺参数及尺寸的变化对热响应的影响目前不够明确；Geiger 和 Vollertsen[126]、Cheng 等[133]、Bao 和 Yao[134]为分析薄板变形也提出了各自的尺寸效应模型，但通用性不强。因此考虑不同尺寸基体的激光热修复，在激光热修复模拟的基础上忽略修复粉末的影响，建立如图 4-1 所示的熔凝模型，数据提取位置分别为路径

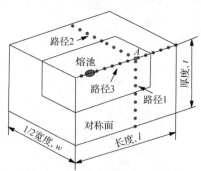

图 4-1 1/2 基体可变尺寸及数据路径

1～路径 3 和点 A。

仿真模拟过程采用的激光参数如表 4-1 所示，对比计算结果，分别讨论基体长度、宽度和厚度方向的尺寸影响。

表 4-1　激光熔凝工艺参数

激光功率 P/kW	扫描速度 v/(mm/min)	光斑半径 r/mm
2.2	540	1.6

4.1.1　基体长度的影响

统一基体的宽度和厚度，如图 4-2 所示为取不同基体长度时的瞬态温度分布。当激光扫描至 A 点时，基体 y、z 方向的温度分布基本一致，由时程曲线可知三种情况下最高温度的差值小于 0.5℃，因此，基体长度(l)变化对温度场的影响不明显，重熔区域尺寸基本保持不变。

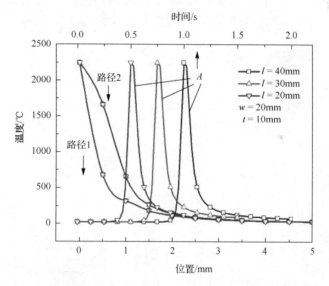

图 4-2　不同基体长度时 A 点附近的瞬态温度分布和温度时程

不同基体长度时的残余应力分布如图 4-3 所示。在图 4-3(a)中，以第一主应力 s_1 为数据提取对象，可以看出应力分布主要分为三个区域，第一和第二区域为扫描的起始和终止区域，这两个区域 x 方向的应力分布均大于基体中间区域，即第三区域，在扫描起始处有极大的拉应力梯度分布，随 x 坐标增大，较大的拉应力转变为较小的压应力，随后又转变为更大的拉应力；随着基体长度由 20mm 增大为 40mm，最大拉应力也由 265MPa 增大为 287MPa，由于热拉应力一定程度上决定着修复组织的细化程度和晶间裂纹，可知加工较长工件时的开裂可能性较大，更应采取保护措施缓冷。

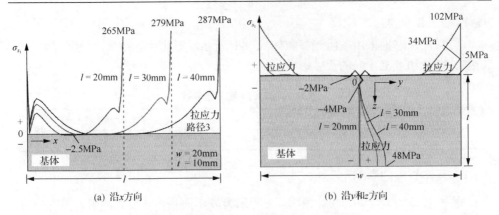

(a) 沿x方向　　　　　　　　　　　　　　　(b) 沿y和z方向

图 4-3　不同基体长度时的残余应力分布

图 4-3(b)给出了横截面上 y、z 向热应力的分布情况，可以看出较大的拉应力均存在于基体边界处，随基体长度由 20mm 增大到 40mm，分布在上表面边缘的最大拉应力由 5MPa 增大为 102MPa，可见基体长度的变化对 y 向影响较明显。

4.1.2　基体宽度的影响

基体宽度变化时的瞬时温度场分布如图 4-4 所示，与长度影响类似，宽度变化对温度分布影响不大，最高温度差值仅为 0.8℃，这表明加工过程中急剧的热传导和热扩散对散失面积的变化并不敏感。

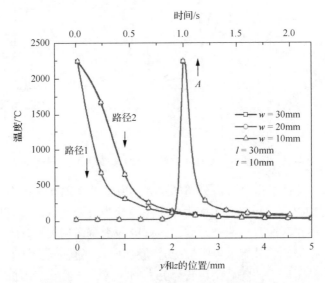

图 4-4　不同基体宽度时 A 点附近的瞬态温度分布和温度时程

如图 4-5 所示，可知随着基体宽度由 10mm 增大为 30mm，x 向拉应力极值由

419MPa 减小为 231MPa，中间部位的压应力区域增大，y 向的最大拉应力值也增大但幅度小，z 向亦为减小趋势且最为明显，由 236MPa 变为 43MPa。因此可知，当基体宽度较大时，长宽比则较小，加工后的边界处拉应力分布更为合理，因此可有效抑制表面裂纹的生成。

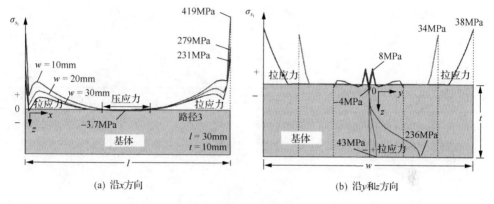

(a) 沿x方向　　　　　　　　　　　　　(b) 沿y和z方向

图 4-5　不同基体宽度时的残余应力分布

4.1.3　基体厚度的影响

如图 4-6 所示，不同厚度时的温度场分布与前两种情况类似，瞬时温度分布基本不受厚度变化的影响，路径 2 线上 0.7mm 距离内的温度以厚度为 10mm 时最高，温差<1℃，其他位置一致，同时温度时程曲线基本没有差别，因此可以认为修复区域及熔池尺寸没有变化。

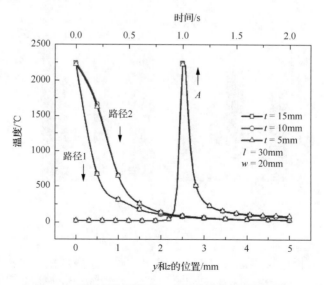

图 4-6　不同基体厚度时 A 点温度分布和温度时程

如图 4-7 所示，几种情况的 x 方向中部压应力的区域和大小相同，在两端的第一、二拉应力区，随厚度由 5mm 增大至 15mm，应力值则由 422MPa 降至 23MPa，因此较厚的工件其厚宽比及厚长比均较大，此时扫描起始和结束处的拉应力较低，分布合理，但 y、z 向规律相反，由于数值较小，可不考虑其影响。

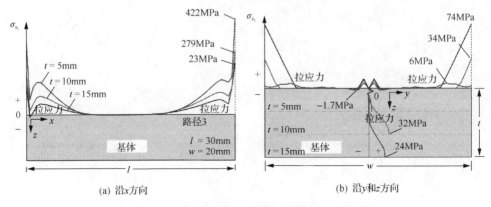

(a) 沿 x 方向   (b) 沿 y 和 z 方向

图 4-7 不同基体厚度时的残余应力分布

激光热加工基体的残余应力影响其抗疲劳强度和表面裂纹的生成，因此对不同三维尺寸搭配时的应力情况做进一步的统计对比如图 4-8 所示。拉应力区大小变化不大，当减小基体宽度和厚度时，最大残余应力值有较大的提高，因此，可知基体的宽度和厚度与长度的比值决定了最大拉应力的数值。

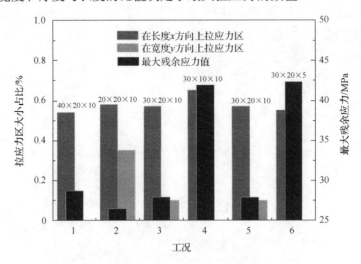

图 4-8 基体拉应力统计对比

通过以上分析可知，变化的基体三维尺寸对其温度场影响非常有限，重熔区域基本保持不变，这主要是由极快的修复过程决定的，此时基体尺寸的增大带来的热传导效果相对于急剧的加热和冷却来说作用微弱；另外，基体尺寸效应对热残余应力影响较显著，长度变大时 x 和 z 向的残余应力增大但在 y 向则有所减小，宽度和厚度的影响较长度的影响更为显著。

4.2　环境介质及作用方式的影响分析

目前激光热加工基体周围的液态介质多以自然对流的空气为主，加工环境友好、实现方便，应用最为广泛。然而随着众多大型机械装备的工况和负载越来越复杂、恶劣，对装备结构中的局部性能有了越来越高的要求，如大型减速箱的齿轮轴承等处要求具有一定的表面硬度，通常的辅助处理方法是针对这些部位进行高频淬火。一般来说在对其进行激光热修复之后再进行淬火处理[41,135]，工艺措施烦琐，由于目前有应用激光进行灰铸铁表面淬火硬化处理的研究，考虑将激光热修复和辅助淬火处理整合为一套工艺，具体方式为：采用冷却更为剧烈的油或水取代空气作为基体的环境介质，选择流动液体薄膜或整体浸没的环境实现方式，使激光热修复和淬火处理同时完成，避免进行二次加热，提高修复效率，使修复层的硬度和耐磨性能满足特殊工况的要求。

4.2.1　环境介质的影响

基于理论分析和模型研究，建立液态环境中激光熔凝模型，如图 4-9 所示[136]，基体浸没于介质中，为避免熔融态金属与液态介质直接接触，以保证熔凝过程顺利进行，采用同轴连续惰性气体保护，在基体表面的光斑附近排开液体以形成稳定干燥区，因此模型中须考虑保护气流的冷却作用，在与激光光斑同心的 5mm 直径圆形范围内设置对流换热系数为 $459.21\text{W}/(\text{m}^2\cdot\text{K})$，随光斑同步移动。

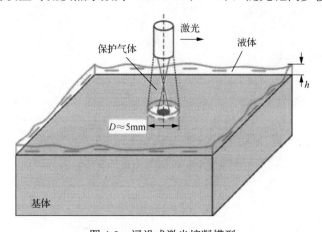

图 4-9　浸没式激光熔凝模型

图 4-9 中模型参数取为,激光功率 $P = 1800$W,扫描速度 $v = 540$mm/min,光斑直径 $r = 1.7$mm,基体上表面覆盖的液体厚度 h 约为 4mm,干燥区域直径 D 取 10mm,基体尺寸为 30mm×20mm×8mm,其上不同测试取值位置如图 4-10 所示,A 点为某时刻激光扫描位置,距离上表面 B、截面 C 点 0.5mm 且处于同一截面,为便于分析取激光扫描方向为 x 向,$A{\to}B$、$A{\to}C$ 向分别为 y 和 z 方向。

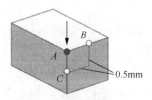

图 4-10　取值位置示意图

1. 热修复温度场

不同液态介质中,熔池所在截面 x、y 和 z 向的瞬时温度分布曲线如图 4-11(a)所示,三种环境中的温度场分布规律基本一致,由于自然空气对流换热能力较差,在激光加工过程中基体温度始终最高,纯水和淬火油中热加工温度分布略有差异。随 x 向距离的增大,水中加工温度与油中相比由较低变化为较高,该处位于熔池附近温度约为 1300K,基体 y 和 z 向温度仅在高温区域略有差异,空冷、水冷环境中的熔池尺寸大于油冷环境;由图 4-11(b)的三点热循环曲线可知各位置处受影响的规律相似,升温阶段三种液态介质中的基体温度变化一致,而冷却阶段水介质中基体冷却速度最大。

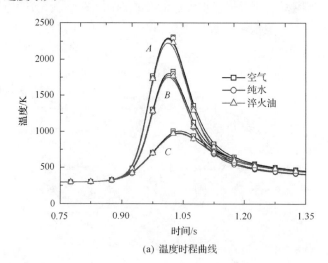

(a) 温度时程曲线

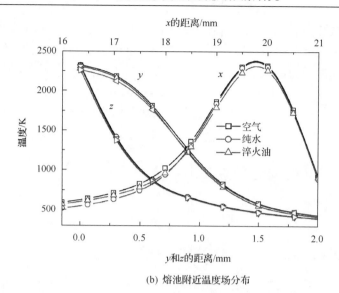

(b) 熔池附近温度场分布

图 4-11　不同液态介质中温度场

其主要原因是基体表面温度较低时，纯水的对流换热系数最大，随温度迅速上升，其表面对流换热经过核态沸腾和膜态沸腾阶段，换热系数迅速降低，而该温度段淬火油的对流换热能力逐渐增强，因此基体表面高温区域油冷效果明显，在低温区水冷效果明显，基体内部受影响不大；同时可知油冷环境可以更有效地控制重熔区和热影响区深度，而在水冷环境中基体表面可获得更大的温度梯度和冷却速度，有助于抑制晶体生长以获得细小枝晶，且二次枝晶间距也随冷却速度的增大而减小，硬度则随之提高。

2. 热修复应力场

模型采用间接耦合，读入温度场结果作为边界条件进行求解，首先提取不同液态介质中基体 A 点的热应力时程曲线如图 4-11 所示，该处材料在熔化和凝固阶段分别出现应力突变，其中熔化过程的瞬态应力变化较剧烈，且几乎不受液态介质的影响；凝固阶段则受影响较大，纯水介质中应力突变峰值略高，但之后迅速降低。

三种液态介质中基体沿不同方向的残余应力分布如图 4-12 所示，与温度场分布规律不同，应力分布差异均较为明显，空气环境中残余热应力值最大，三个方向上的最大值为液体环境中应力分布的 3～4 倍，纯水中加工应力值最小。图 4-12(a) 中沿扫描方向基体两端 5mm 距离内应力值绝对值及波动均较大，空冷环境中尤为明显，呈 U 形分布，基体中部较两端应力降低 30% 以上，水、油中基体两端应力略有增大但分布总体均匀；基体沿垂直于扫描方向的横、纵向应力分布如图 4-12(b) 和图 4-12(c) 所示,各环境中两方向应力变化平稳,如图 4-12(b) 所示的空冷和油冷基体沿横向的应力下降趋势呈近似线性分布,水冷环境中距扫描轨迹 1mm 内应力值大幅降低,之后应力分布则保持较低水平并基本不变;图 4-12(c) 中纵向应力分布同图 4-12(b) 呈近似线性,基体沿纵向 1mm 内应力大幅下降,后空冷、油冷环境中应力略有上升,而水环境中保持不变。

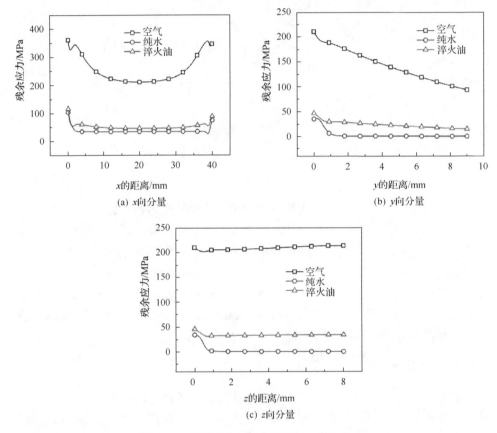

图 4-12　不同液态介质中基体残余应力分布

由此可知,不同热加工液态介质对基体残余应力分布情况的影响显著,空气中虽然加工工艺简单、成本低,但加工后基体内部尤其是沿激光扫描方向的应力值过大;水、油环境中热应力得到及时释放,有效降低了基体的残余应力,且分布均匀、变化平稳,其中水冷环境对残余应力的控制更为有效,同时由于水介质较好的淬透性,可获得更大的硬度。如图 4-13 所示是不同液态介质中基体表面沿扫描方向(x 向)残余应力分布的 x、y 和 z 向分量,各向分量在基体两端 3mm 内存在应力集中,扫描起始段主要为拉应力,易成为裂纹生成及扩展的驱动力,结束段主要为压应力,对材料影响较小,中部变化不大。由图 4-13(a) 可知,空气中基体热应力以沿扫描方向的拉应力为主，最大可达 40MPa，对材料表面性能影响较大，激光熔覆及焊接加工的重熔区易产生裂纹；图 4-13（b）和图 4-13（c）中水、油环境对拉应力的降低作用明显，虽然在扫描起始段仍有一定的应力集中，但绝对值较小，最大值仅为 14MPa，对材料性能影响有限，水冷环境较油冷更为有效，尤其在占工件长度 85%的热加工的中间部分，各向应力梯度最小，可有效抑制裂纹等缺陷的产生。

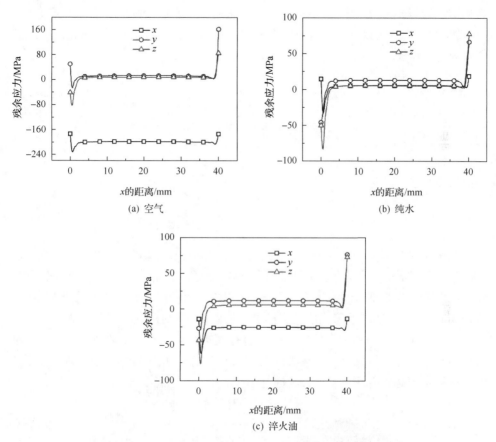

图 4-13　不同液态介质中沿熔凝线的残余应力分布

综上，本节分别以空气、纯水和淬火油为液态介质，建立了基体浸没式激光动态热加工过程的三维有限元模型，对不同自然冷却介质中基体热响应温度场及残余应力场进行了对比研究。三种环境中的温度场规律基本一致，高温区的油冷效果明显，低温区则水冷作用明显，基体内部受影响不大；油冷环境可更有效地控制重熔区和热影响区深度，而水冷环境中材料表面可获得更大的温度梯度和冷却速度，因此硬度最高；另外，扫描起始段主要为拉应力，结束段主要为压应力，不同热加工液态介质的影响显著，空冷基体内部应力大，且沿扫描方向基体两端存在应力集中,整体以拉应力为主,与空气和淬火油相比,水中的激光熔凝能够获得更高的表面硬度和较低的残余应力分布。

4.2.2　作用方式的影响

由于目前针对不同介质作用下激光热加工的研究较缺乏,模型通用性不强,为了深入探究液态环境的作用方式对激光热加工的影响,对不同类型水环境下的激光熔凝进行了研究[137],包括在基体表面采用流动水膜冷却(工况 2)和沉没于静止水箱中(工况 3)的两种加工状态,同时与空气中(工况 1)加工过程进行对比,如图 4-14 所示。

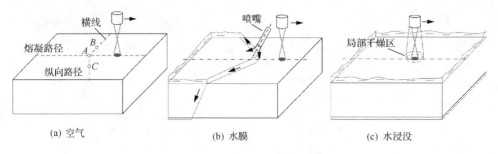

(a) 空气　　　　　　　　　　(b) 水膜　　　　　　　　　　(c) 水浸没

图 4-14　不同作用方式下的激光熔凝模型

工况 1 空气和工况 3 水浸没环境中的加工模型已有建立,所以补充建立工况 2 流动水膜环境下的激光加工模型。如图 4-14(b)所示,水膜由一个与激光器同步移动的喷嘴射出形成,喷嘴半径取 1.5mm,出口速度为 0.3m/s,位于激光器之后,倾角为 45°,在基体表面形成的边界圆弧中心距光斑中心 10mm。基体表面水的流动情况可以采用流体动力学软件 Fluent 进行模拟得出,给定水的喷出角度、速度及出口半径,即可仿真得到基体表面的水膜覆盖情况如图 4-15 所示,其边界用数学方程近似表达,并引入 ANSYS 进行模拟。

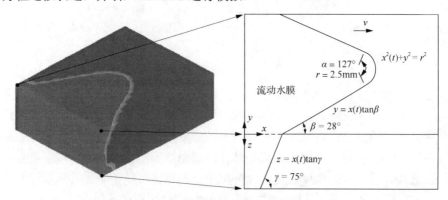

图 4-15　流动水膜的计算结果及边界简化

1. 热响应温度场

温度场方面，由于模型的对称性，提取熔池处 1/2 横截面上的温度场如图 4-16 所示，可知工况 1 和工况 2 的熔池和热影响区域基本相同，工况 3 各区域面积略有降低，因此熔池状态受环境的影响很小，此时瞬间熔凝造成的极大温度变化和梯度占据主导地位。

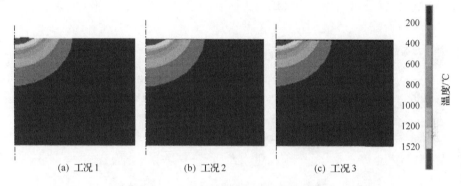

(a) 工况 1　　　　　(b) 工况 2　　　　　(c) 工况 3

图 4-16　不同作用方式的截面温度分布

如图 4-17 所示为 A、B、C 三点的热循环温度曲线和熔池所在截面的 y 和 z 向的温度分布，可以得到与图 4-16 相似的规律，即瞬时温度分布受液体作用方式的影响很小，图 4-17(a) 中对于工况 3，其峰值温度为 2484℃，略低于工况 1 的 2542℃，且工况 3 凝固时的温度降低速率为 6365℃/s，较工况 1 的 8750℃/s 减小了 37.5%；图 4-17(b) 中，由于热传导在基体上表面的影响更为显著，液体覆盖面积更大的工况 3 在截面上沿横向的温度分布最低，因此，浸没式对重熔区影响最大，熔深较空气中和水膜中增加了约 8%。

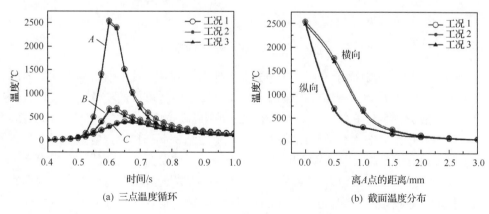

(a) 三点温度循环　　　　　　　　　(b) 截面温度分布

图 4-17　不同作用方式的瞬时温度场

2. 热响应应力场

热应力方面，给出 1/2 截面上的残余应力分布如图 4-18 所示，可以看出横截面上的高应力区域随着水冷却环境的介入而有所减小。提取瞬时应力曲线如图 4-19 所示，由于扫描方向的应力值最大且为拉应力，对比三个加工状态该方向的应力情况，水浸没环境下的热应力增大更为迅速，但最终三种环境的应力状态接近一致，也就是说工况 3 环境的应力状态能够更快地达到平衡。

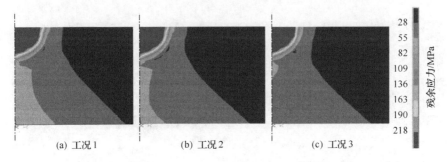

(a) 工况 1　　　　　(b) 工况 2　　　　　(c) 工况 3

图 4-18　不同加工状态的截面上残余应力分布

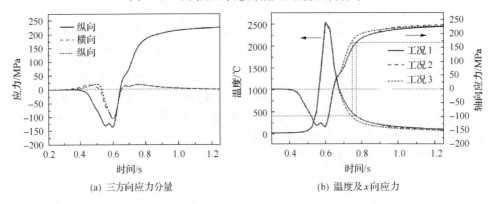

(a) 三方向应力分量　　　　　　　　(b) 温度及 x 向应力

图 4-19　A 点热应力时程曲线

如图 4-20 所示对比了不同作用方式条件下基体熔凝线上轴向、横向和纵向的应力分量，可以看到由于连续的轴向冷却收缩及重熔区附近的塑性变形，该方向上的残余应力分量较其他方向更大。图 4-20(a) 中，高拉应力主要分布于基体中部，与自然空气相比，在水介质辅助情况工况 2 和工况 3 下，整体拉应力有所下降，最大降幅达到 5.2%；图 4-20(b) 和图 4-20(c) 中，基体横向和纵向的残余应力几乎没有变化，拉应力峰值约为 75MPa 且均出现于熔池附近，另外，由于基体两端的约束作用，在扫描起始端出现了压应力，因此可知，垂直于扫描方向的应力分量比较容易得到释放，且基本不受介质作用方式的影响。

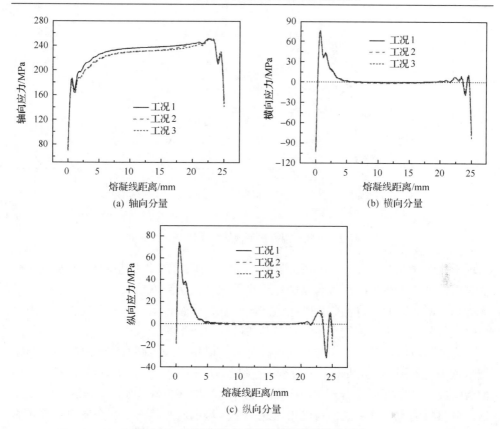

(a) 轴向分量　　　　　　　　　　(b) 横向分量

(c) 纵向分量

图 4-20　不同作用方式下沿熔凝线的残余应力

如图 4-21 和图 4-22 所示为截面横向和纵向边界上的残余应力分量曲线，介质作用方式的影响规律与图 4-20 类似，相同位置处工况 3 试样的应力水平最低，但影响幅度有限，最大降幅为 6.5%。另外可以发现，各个方向上的最大拉应力总

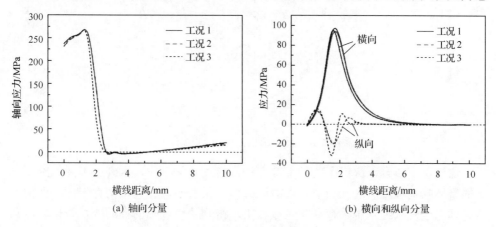

(a) 轴向分量　　　　　　　　　　(b) 横向和纵向分量

图 4-21　不同作用方式下截面横向残余应力

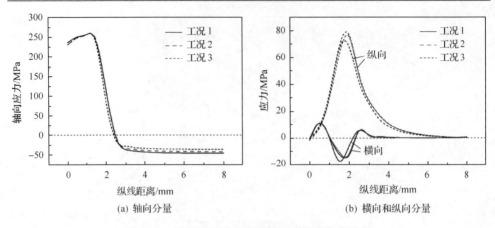

(a) 轴向分量　　　　　　　　　　　(b) 横向和纵向分量

图 4-22　不同作用方式下截面纵向残余应力分量

出现于距熔凝线约 1.7～2.4mm 范围内，再向外则应力水平迅速降低，而从试样截面来看，该应力集中区近似为半圆环形，且根据已有温度场的分析，它位于重熔区外边界附近，而大量实验也表明重熔区与基体的结合部位容易出现裂纹，因此可知这部分裂纹为冷裂纹，主要是在冷却过程中产生的。

　　为方便对所述截面的高应力区进行分析，以熔凝线为圆心，给出半圆环形区域示意图，如图 4-23 所示，该拉应力区域可以分为两部分，半圆形部分半径 $r_{\sigma l}$ 约为 1.9mm，主要分布着轴向拉应力；另外的半圆环形部分宽度 $r_{\sigma r}$ 约为 0.5mm，这部分材料则主要承受法向拉应力。这两个区域的应力状态不随介质作用方式的改变而变化，因此这一不利的拉应力集中分布状态，需通过采用调整工艺参数等措施来进行改善。

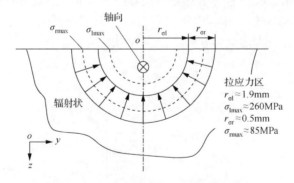

图 4-23　截面上残余拉应力区域示意图

　　通过以上研究，提出了两种水冷方法，借助数值手段，得到了不同水冷环境下的基体热响应温度和应力场，经对比分析结果表明，在同轴惰性气体的保护下将基体完全浸入纯水中进行激光熔凝加工，得到了较理想的辅助冷却效果，达到了激光加工与淬火同步进行的目的，提高了表面硬度的同时没有提高基体的热应力水平，因此浸没式水冷环境可以成为该类具有特殊硬度和耐磨性要求的灰铸铁部件的有效处理方法。

4.3　热修复工艺参数的影响分析

激光热修复技术的实验过程中，激光热修复的工艺参数是重要的影响因素，而且由于其方便可控，成为提高修复区质量的重要手段，所以在修复材料相对固定的情况下，对工艺参数进行调整优化是方便可行的途径[45,47,138]。根据实验设计的工艺路线，分别对修复后试样的硬度分布及裂纹缺陷情况进行实验分析，明确工艺参数的影响规律，实现其优化组合。

激光热修复工艺参数中，激光功率 P、扫描速度 v 和光斑半径 r 是决定修复区吸收能量大小的主要参数。根据实验所采用的双层修复工艺及表 3-1 中参数的组合关系，即两层修复的 P 相对固定，v 和 r 略有增大，为方便讨论其影响规律，对常用的激光比能量[137]进行修正，得到激光热修复过程的等效比能量 E 的表达式为

$$E = \frac{E_1 + E_2}{2} = \frac{1}{4}\left(\frac{P}{r_1 v_1} + \frac{P}{r_2 v_2}\right) = \frac{1}{4}\left(1 + \frac{1}{1.2 \times 1.1}\right)\frac{P}{r_1 v_1} = 0.44\frac{P}{r_1 v_1} \qquad (4\text{-}1)$$

式中，E 为等效激光比能量，表示单位激光辐照面积上的能量大小，J/mm^2；r_1 和 v_1、r_2 和 v_2 分别为第一层和第二层修复时的光斑半径和扫描速度，其中为 r_1 等于 U 形槽宽度，为不可变参数，取 3.8mm。因此，式(4-1)可以进一步简化为 E、P 和 v_1 三者的关系式：

$$E = 0.44\frac{P}{3.8 v_1} = \frac{0.116P}{v_1} \qquad (4\text{-}2)$$

由式(4-2)可以看出，为保证一定的热输入能量，激光功率和扫描速度应同时增大或减小，若低功率搭配高速度或高功率搭配低速度容易造成熔凝不充分或材料烧损，因此制定参数组合，如表 4-2 所示。

表 4-2　激光热修复工艺参数

参数方案	激光功率 P/W	扫描速度 v_1/(mm/min)	激光比能量 E/(J/mm²)
工况 1	2800	360	54.1
工况 2	2900	390	51.8
工况 3	3000	420	49.7
工况 4	3100	450	47.9
工况 5	3200	480	46.4
工况 6	3300	510	45.0

4.3.1　对修复区微裂纹的影响

　　激光热修复完成后，修复区与基体达到了冶金结合，然而通过显微观察发现，熔层内部不可避免地出现了宏观和微观裂纹，如图 4-24 所示，前者主要来自于后者的扩展，裂纹的产生是熔凝过程应力应变与相应材料强度、韧性之间动态作用的结果。

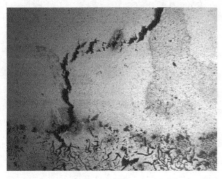
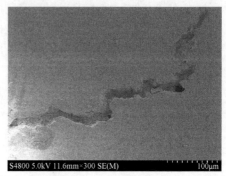

(a) 光镜　　　　　　　　　　　　　　　(b) 电镜

图 4-24　修复区中的典型裂纹

1. 裂纹的产生

　　由于熔层温度的下降幅度大于基体，其冷却收缩量大于基体，又由于基体对熔层的约束，熔层的伸长量增大，冷却过程中新产生的拉应力与首层修复结束时的热应力叠加，当该叠加应力大于该温度下熔层抗拉强度时，即产生新的裂纹，因此裂纹多产生于残余应力集中处[35,139-142]。图 4-25 为 Fe313 和 Fe314 修复区中微

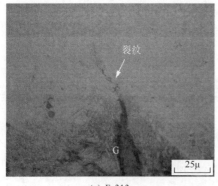
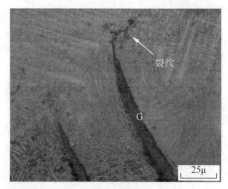

(a) Fe313　　　　　　　　　　　　　　(b) Fe314

图 4-25　修复区微裂纹形貌

观裂纹的典型形貌，由裂纹的宽度变化可以判断出，裂纹源于熔层与基体的结合区并向熔层内扩展，而且大多起源于结合区的片状石墨尖端。试样基体材料为灰铸铁 HT250，片状石墨 G 是重要的组成相，然而由于石墨相几乎没有强度，在基体中可以相当于缺口，虽然导热性很好，但严重割裂基体，降低母材的强度。石墨片塑性差，其尖端在承受热应力时很容易引起应力集中，因此，结合处的微裂纹首先从石墨处萌生。另外可以看到，同在结合区域的片状石墨，尖端朝向熔层且穿透结合区的石墨片更加容易诱导裂纹的产生，因此熔合区石墨片分布密度和形态对修复区缺陷有较大的影响。

2. 裂纹的扩展

由于两层修复间有 20～30s 的短暂间隔，这为裂纹的扩展提供了充分的时间。而在第二层修复过程中，一部分扩展到熔层中部的首层裂纹被重新熔凝，因此在修复区的中上部分，二层修复对首层裂纹的扩展有抑制和修补的作用，但熔层与基体的结合区在二层修复中未能达到重熔状态，因此该区域的裂纹没有被消除，反而在修复区二次熔凝中热拉应力的叠加作用下，有进一步扩展的倾向。如图 4-25 所示，金相观察表明，修复区中微裂纹都比较短且为张开型裂纹，根据断裂力学理论，材料开裂时的应力强度因子表达式为

$$K_1 = Y\sigma\sqrt{\pi a} \tag{4-3}$$

式中，Y 为带裂纹构件的几何边界所决定的修正系数，$Y > 1$；σ 为名义应力；a 为 1/2 裂纹长度。一般认为当 $K_1 > K_{1c}$ 时，（K_{1c} 为熔层的断裂韧性）裂纹扩展，因此随着裂纹长度的增加，a 增大，裂纹扩展所需的应力值则相应减小。

由图 4-26 中裂纹的扩展形貌可知，裂纹源产生后，沿着枝晶的晶界裂开，并由基体结合区扩展至修复熔凝区，熔层微裂纹具有这种扩展特性的主要原因有：①激光能量作用下材料熔凝迅速，凝固时晶体的成核快、晶粒细小且生长方向较一致，两晶体之间的结合强度与单个晶体本身相比较弱；②修复过程中剧烈的温度梯度使得熔层中下部多为竖直生长的枝晶，水平方向的强度较垂直方向要低很多，并且凝固温度区间内初生枝晶的形成造成晶间熔融材料的补充通道封闭，在随后的冷却收缩过程中没有得到足够的补充，导致晶间形成凝固裂缝源；③修复区的剧烈收缩使熔层结合区域在激光扫描方向上产生了极大的热拉应力，裂纹在某个应力集中位置如石墨片尖端处萌生后，拉应力仍大于晶界强度，导致裂纹扩展，直到应力值与晶界强度持平裂纹停止扩展。

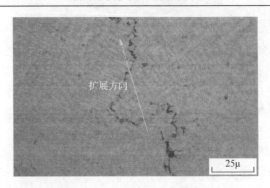

图 4-26　Fe313 修复区中的裂纹扩展

3. 热修复工艺参数的影响

由以上分析可以看出，熔层裂纹缺陷在激光热修复过程中普遍存在，少部分在二次修复中被修补或消除，而熔层底部的裂纹则存在继续扩展的可能。将 Fe313 修复试样沿扫描中心线切开，分别观察长度为 20mm 截面内的裂纹情况，对放大1000 倍后可以观察到的裂纹进行统计，如图 4-27 所示为不同工艺参数组合条件下裂纹的数量和总长度。

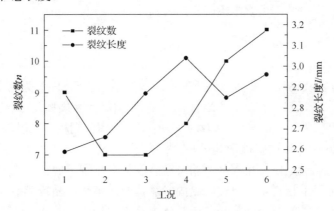

图 4-27　Fe313 修复区中裂纹的数量和长度

由图 4-27 的统计数据可知，随激光比能量 E 的减小，裂纹数的变化呈正抛物线形状，总体来看，裂纹数量和总长度基本为逐渐增大的趋势。当工况 1 单位面积热输入较高时，激光功率和扫描速度均较小，虽然修复区的裂纹数量达到 9 条，但总裂纹长度仅为 2.58mm；而当扫描速度较小时，激光功率的影响成为主要因素，因此工况 2 中将功率提高 100W，裂纹数降为 7 条，总长度仅增加 0.09mm，虽然输入比能量略有降低，功率和速度的适当提高有利于修复区结合区形成更好的冶金结合，通过较强的熔质对流使得部分杂质或氧化物等脱离结合区，相当于减少了裂纹源。此外，充分的对流也使结合区石墨的分布趋于合理化，如图 4-28 所示，石墨相的整体移动和析出取代了尖端部分的独立行为，这有利于降低石墨片两端的应力集中；工况 3 与工况 2 相比，比能量 E 减小 2.1J/mm^2，但裂纹情况变化不大，基本没有受到影响，因此较低扫描速度条件下保持一定的功率在熔合区组织形态方面是有利于降低集中应力和抑制裂纹的。

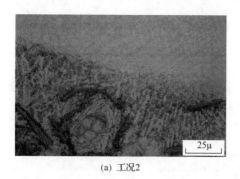
(a) 工况2

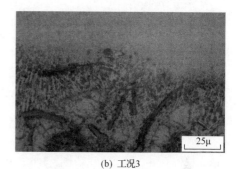
(b) 工况3

图 4-28　形态合理的石墨

然而随着工况 4～工况 6 比能量的继续减小，裂纹数量和长度均明显增大，这时扫描速度的影响更为显著，巨大的温度梯度和冷却速度造成不熔物裂纹源未能有效消除。另外，未熔石墨相的尖端容易穿过结合区伸向修复区，工况 5 和工况 6 中不合理的石墨片形态如图 4-29 所示，晶粒更为细小的同时偏析情况增多造成晶界析出物增多，也为裂纹的扩展提供了途径，因此伴随凝固过程较大的瞬时拉应力，裂纹的生成和扩展得到了加强，裂纹数最大达到 11 条，总长度最长可达 3.04mm。由以上分析可知，工况 2($P=2900$W，$v_1=390$mm/min，$E=51.8$J/mm^2)和工况 3($P=3000$W，$v_1=420$mm/min，$E=49.7$J/mm^2)是两组较为理想的参数组合。

(a) 工况 5

(b) 工况 6

图 4-29　形态不合理的石墨片

4.3.2　对修复区硬度分布的影响

激光热修复后的材料硬度应保持在一个合理的范围，与基体比较不应有所降低，同时也不应提高过多，否则将降低材料的韧性，严重影响修复后表面的二次机械加工性能，而高能量激光的快速移动导致材料过冷度较大，容易产生脆硬组织，因此考虑通过对工艺参数的控制，尽量降低硬度梯度和硬度峰值，达到优化修复区硬度分布的目的。试样的表面和截面两个方向的硬度测试位置如图 4-30 所示，采用国产 HX-1000T 显微硬度测定仪测定试样截面 z 向的显微硬度。

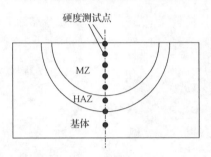

图 4-30　硬度测试点示意图

　　如图 4-31 所示为修复区截面的显微硬度，三种材料的修复区试样沿横截面深度方向呈梯度降低分布，趋势基本一致，修复区表层附近出现了较高的硬度分布，三种材料修复区的最高硬度分别可达 520HV[①]、532HV 和 455HV，随深度的增加，硬度逐渐降低，在两层修复的熔合区硬度值有一定波动，到达基体附近时硬度降至最低水平，约为 185HV。这样的分布规律主要是因为表层部分冷凝速度快，晶粒与内部相比更为细小，且在熔合区熔层与基体间有一定的稀释率，成分和组织的梯度变化造成了硬度的相应变化。Fe313 和 Fe314 试样的成分类似，但后者的原始成分中增加了 10% 的 Ni，因此硬度水平低于前者，而 316L 由于含有较多的 Ni 和较少的 C，硬度水平最低，但仍高于基体。

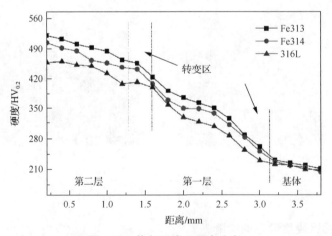

图 4-31　修复区维氏硬度分布

---

① HV 表示布氏硬度，单位为 N/mm^2。

整体来看，修复区硬度随修复区数的增多而逐层提高，梯度分布均匀，无明显的硬度波动，表层附近硬度存在峰值可能是由表面磨削机加工时造成了一定的加工硬化。较高的硬度分布主要来自于过冷马氏体和贝氏体硬质相及其细晶强化的作用，修复区靠近基体部位的硬度有所降低，这是由基体的微熔稀释造成的，使硬度呈现梯度过渡。以参数组合为工况 3 时的 316L 修复试样为硬度测试的研究对象，对激光热修复区表面及内部的显微硬度分布情况进行讨论。另外，分别研究不同激光功率和扫描速度下的 316L 修复区的最大硬度值并进行对比分析。

1. 激光功率的影响

考察修复区的最大硬度随激光功率的变化规律如图 4-32 所示，扫描速度取定值为 480mm/min，当激光功率较低时，热输入较少，因此基体熔化较少，修复层的稀释率小，而且组织的冷速较大，细晶强化造成的硬度较高；随着激光功率的提高，基体熔化增多，修复区的稀释率变大，同时晶粒成核和生长较充分，使硬度下降。当激光功率过高达到 3300W 时，增加的热输入导致熔池过热的同时熔化了过多的基体，使稀释率快速增加，此时修复区的硬度又大幅下降。

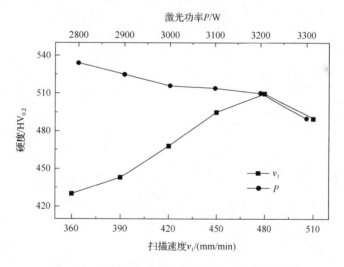

图 4-32　不同激光功率和扫描速度时的最大硬度

2. 扫描速度的影响

图 4-32 中激光功率取定值 3200W 时，由硬度峰值与扫描速度之间的关系可以看出，随扫描速度从 360mm/min 逐渐增大，修复层的表面硬度迅速提高，速度增至 450mm/min 时，硬度变化趋缓，至 480mm/min 开始快速降低。当激光扫描速度

低时光束长时间滞留使基体过度熔化，修复层的稀释率大，同时达到与较大激光功率类似的效果，晶粒成核及长大充分，细晶强化不明显，因此修复层硬度很低；随着扫描速度的增加，稀释率随之降低，且晶粒细化，硬度随之提高。因此对于激光热修复，激光功率取 2900~3100W 和首层扫描速度取 360~420mm/min 是较为合理的参数组合，对应表 4-2 中则为工况 2 和工况 3。

第5章 激光熔覆中石墨相的行为变化研究

根据已有研究可知，石墨是灰铸铁中重要的组成物相，约占灰铸铁体积的10%[143]，其类型及分布对灰铸铁性能有很大的影响。不同位置的组织中石墨相的熔解程度不同，并极易在结合区析出大型石墨。由于其力学性能很差，在灰铸铁中的存在形式相当于孔洞，极大削弱了材料整体的机械性能[43]；此外，石墨与铸铁的热物性参数差异极大，对激光修复的质量有很大影响，因此有必要对灰铸铁激光熔覆过程中的微观组织特征及石墨行为变化进行研究，并对石墨区域的热力特征进行研究，探究尖端裂纹的萌生机制。

5.1 结合区石墨行为及周围组织特征

灰铸铁基体激光修复的断面组织形貌具有其特性，并且受石墨相的影响形成了较为典型的局部特征，下面对该特征进行分析。

5.1.1 石墨的不同形态与聚集状态

由激光修复试样的宏观形貌(图5-1)可知，熔覆区没有石墨存在，结合区的大部分石墨都发生细化，这是由于在加热过程中碳原子从石墨中扩散出来，导致石

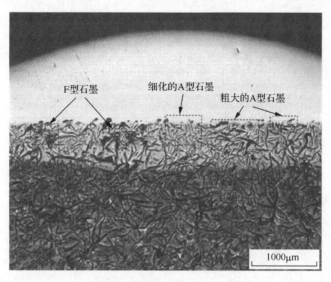

图5-1 结合区石墨形态及分布

墨形态发生细化，如图 5-2 所示。结合区上部最靠近修复区，相比结合区的其他区域所受到的热流作用最大，碳原子从石墨向外扩散得最为充分。此外结合区上部比较靠近熔池，熔池的流动搅拌作用起到了对流传质的作用。因此该区域的碳原子扩散速度更快，在极短的冷却凝固时间内，从石墨中扩散出来的碳原子更多，导致结合区上部的石墨发生细化。从结合区上部至结合区中部、下部，由于与熔池距离越来越远，激光的热作用越来越小，也不再受熔池的对流搅拌作用，碳原子从石墨中的扩散逐渐由"对流传质"转变为"扩散传质"，碳原子扩散速度变慢，因此石墨形态的细化现象并不是很明显。

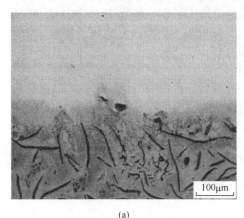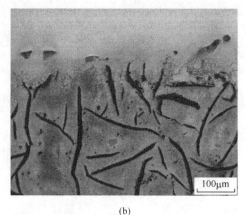

(a)　　　　　　　　　　　　　　　　　　(b)

图 5-2　结合区细化的 A 型石墨

　　结合区的石墨大部分发生了细化现象，这种细化的石墨形态仍属于 A 型石墨，属于比较优良的石墨形态。这有助于减少石墨的割裂作用，增强基体的连续性，提高结合区与修复区的结合强度。但是结合区仍存在部分质量较差的石墨形态，如图 5-3 所示的粗大 A 型石墨和如图 5-4 所示的 F 型石墨。

图 5-3　结合区粗大 A 型石墨

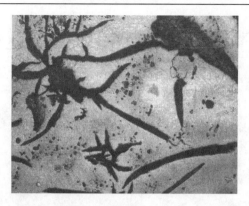

图 5-4　结合区 F 型石墨

　　相比图 5-2 中细化的 A 型石墨，图 5-3 中的 A 型石墨长度和厚度均较大，这种石墨对基体的割裂作用明显，能够显著削弱铸铁的力学性能，属于质量较差的石墨形态。此外，在粗大的 A 型石墨周围能观察到少量体积较大的块片状 C 型石墨，这也是质量较差的石墨形态。图 5-4 展示的是 F 型石墨，呈星状 (蜘蛛状)，石墨片大小及分布不均匀，也属于不良的石墨形态。

　　结合区中部分不良形态的石墨的生成原因有两方面：一是铸铁原材料的生铁遗传性影响[144]，灰铸铁基体中该部分存在粗大的石墨，粗大的石墨在激光熔化和冷却过程中对石墨组织具有遗传影响；二是铸铁中的杂质元素被消除，碳原子缺乏足够的形核核心，只能依附于原有的微熔残留石墨长大，从而形成了粗大石墨。

5.1.2　石墨生长方向对组织分布的影响

　　由图 5-2 中石墨的宏观分布状态可知，结合区的石墨生长方向呈现随机性。激光熔覆过程中，热流是由表层向内部传递的，依据热流的传递方向，可大致将石墨分为沿热流方向和垂直热流方向两类，此处分别命名为“竖向石墨”和“横向石墨”，如图 5-5 所示。

　　由图 5-5 中的组织分布可知，结合区中部石墨之间的组织为片状马氏体和残余奥氏体组织，而在结合区上部存在较多的共晶团组织。石墨的热导率呈现出明显的各向异性，c 轴的热导率约为 84W/(m·K)，而 a 轴的热导率约为 419W/(m·K)[74]。在灰铸铁的片状石墨中，c 轴和 a 轴分别是沿着片状石墨的厚度方向和长度方向。因此片状石墨的生长方向对热导率的传导有着很大的影响，“竖向石墨”与热流方向相同，起到了引导传热的作用，而“横向石墨”与热流方向相反，起到了隔绝传热的作用，这对共晶团的形成区域有较大影响。由此在结合区“竖向石墨”和“横向石墨”的周围，共晶团的分布不同。在“竖向石墨”周围，共晶团多沿着石墨的两侧分布，而在“横向石墨”周围，共晶团则多分布在石墨的上方。

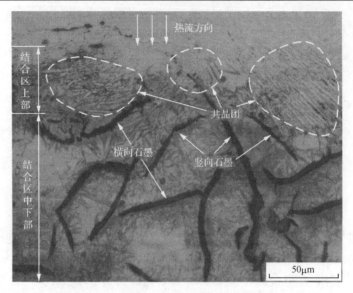

图 5-5　结合区不同生长方向的石墨

Cheng[84]等在利用等离子束对灰铸铁 HT300 进行熔凝处理的过程中曾对石墨生长方向对组织的影响进行了分析。本书的分析结果与 Cheng 等[84]的实验结果有一定的一致性。然而针对多组结合区微观组织的分析发现，石墨热导率的各向异性对共晶团分布区域的影响多出现在结合区的上部。在结合区的中下部组织中，不存在共晶团组织，"竖向石墨"和"横向石墨"之间的组织均为片状马氏体针团和残余奥氏体组织。

激光修复过程中，热量的输入是急速且大量的，受光斑作用的材料区域在极短的时间内从室温升高至熔点温度以上。在如此巨大的热输入条件下，仅凭石墨热导率的各向异性是无法主导共晶团分布的形成的。共晶团的分布区域多由元素的作用控制，尤其是碳原子的扩散和分布情况。在结合区上部紧挨熔区，此区域的石墨发生微熔，碳原子从石墨中扩散出来。由于靠近熔池，受到熔池内液态金属的搅拌、对流、浮力等作用，碳原子迅速扩散到熔池中。结合区上部的碳元素含量和温度变化符合共晶团的形成条件，于是共晶团多形成在结合区上方。而在此共晶团的形成过程中，结合区上部石墨的生长方向对共晶团的分布起到了一定的影响。

在结合区的中下部，由于离熔池较远，一方面热输入较少，另一方面几乎不受熔池流动的影响，从石墨中扩散出来的碳原子运动不充分。结合区中下部的石墨网络分布也在一定程度上使碳原子无法充分转移，因此此区域多生成片状马氏体和残余奥氏体组织。

5.2　激光熔覆中石墨相的微裂现象分析

在对试样显微组织的分析中，发现在部分石墨片的尖端出现微裂纹，如图3-12所示。对所有电镜图片的统计中，石墨尖端产生微裂纹的比例约为15%且全部位于结合区，这说明结合区的石墨尖端是容易产生应力集中进而萌生裂纹的危险部位。

5.2.1　石墨相尖端裂纹的萌生

如图5-6所示微裂纹萌生在石墨尖端或粗大石墨的拐角区域，裂纹在相邻石墨片之间发生桥接，实现裂纹的扩展。裂纹的扩展贯穿了石墨间的片状马氏体。片状马氏体是由靠近石墨的奥氏体在连续冷却过程中形成的。靠近石墨的初生奥氏体碳含量很高，在急冷过程中转变为高碳片状马氏体。高碳片状马氏体具有高的强度和硬度，但其韧性塑性很差，延伸率和断面收缩率几乎为零，属于典型的脆硬组织。此外高碳片状马氏体中的晶格畸变较大，孪晶亚结构的存在大大减少了有效滑移系，这都导致了片状马氏体的韧性塑性较差。

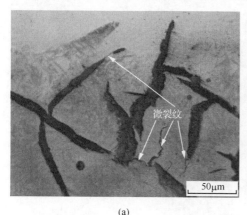

(a)

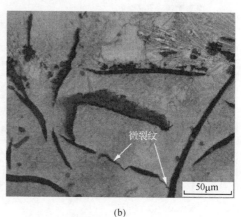

(b)

图 5-6　结合区石墨尖端的微裂纹

石墨的力学性能很差，相当于灰铸铁中的空腔，对基体产生"切口效应"[43]。石墨与灰铸铁的热物性参数差异很大，尤其是弹性模量和线性热膨胀系数。室温下灰铸铁线性弹性模量和热膨胀系数分别为146GPa和0.87×10^{-5}[146,147]，而片状石墨的为11GPa和0.2×10^{-5}[147]。在激光修复这个快速加热和冷却的过程中，热应力变化非常剧烈，石墨与灰铸铁的热物性差异极易导致两者界面处极大的热应力。此外，片状石墨两端为锥形的几何形态，容易导致应力集中出现。因此，石墨尖端应力集中与高碳片状马氏体韧塑性较差的特点都促进了微裂纹的萌生与扩展。微裂纹萌生后，在片状马氏体团中扩展一段距离后停止。

5.2.2　石墨相模型的模拟方法

针对结合区部分石墨尖端出现微裂纹的情况，为明确石墨尖端微裂纹的萌生机制，需对其应力变化规律进行研究。结合区石墨片尺寸为微米级，通过实验难以定量地分析其瞬时应力变化过程。通过有限元分析建立该微观区域的数值模型，这为精确描述其热力变化特征提供了很好的途径。

为研究结合区石墨尖端的热力状态，须建立结合区石墨相的数值模型（graphite model）。为给石墨相模型施加准确的边界条件，包括温度场分析时的温度变化条件和应力场分析时的位移约束条件。为便于阐述，将石墨相模型命名为 G-模型，将宏观模型命名为 C-模型。通过 C-模型中单元的离散，选取结合区部位相应尺寸的单元，获得所选单元的边界条件，对石墨相模型进行约束和加载。

取 C-模型关于 X-Z 平面对称的 1/2 模型进行分析，当光斑移动到中间位置时，C-模型的温度场分布和单元选取过程如图 5-7 所示。

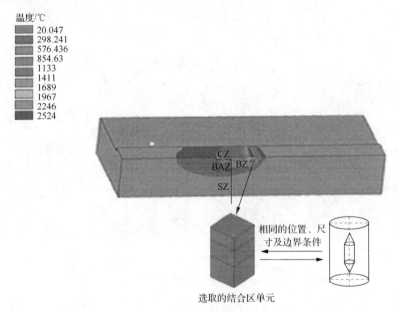

图 5-7　C-模型和所选取单元

G-模型属于 C-模型的一小部分。选择符合 G-模型尺寸和位置的 C-模型中的结合区单元，这些被选择的单元与 G-模型拥有近乎相等的位置和尺寸，如图 5-8 所示。因此这些单元与 G-模型的边界条件也是一致的，主要包括温度变化和位移变化情况。这些单元的边界条件可以从 C-模型中获得，并将其加载到 G-模型中。因此结合区中石墨相区域的应力变化特征可以通过 G-模型来模拟。石墨相模型的模拟方法如图 5-9 所示。

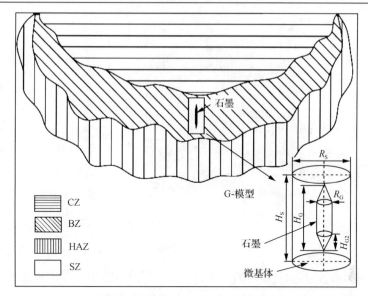

图 5-8　结合区石墨和 G-模型示意图

R_S 为基体圆柱半径；H_S 为基体圆柱高度；H_G 为石墨高度；R_G 为石墨半径；H_{G2} 为石墨尖端高度

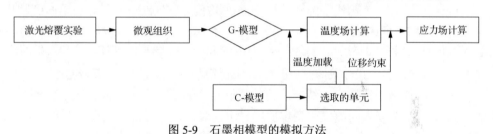

图 5-9　石墨相模型的模拟方法

通过热修复实验可以获取结合区石墨相的微观组织形态，根据石墨尺寸及形态，可建立 G-模型的几何模型。通过激光熔覆模型，C-模型可获取结合区相应位置单元的边界条件。在 G-模型温度场的计算过程中，加载"选取单元"的温度变化过程，在应力场计算过程中，加载"选取单元"的位移变化过程。

5.2.3　石墨相模型的建立及加载

G-模型由微基体 (S) 和石墨 (G) 构成，如图 5-10 所示。其中石墨位于微基体中间。为获得 G-模型中微基体的尺寸，须结合熔覆后试样的显微组织，确定结合区的位置及尺寸。对试样的显微组织分析可得结合区的高度约为 0.35～0.5mm，其均值为 0.4mm。G-模型中的基体部分取为圆柱状，为消除边界效应的影响，适当扩大圆柱的直径。最终确定微基体尺寸为圆柱高度 (H_S) 为 0.4mm，圆柱直径 (ϕ_S) 为 0.3mm。

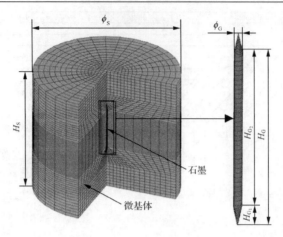

图 5-10　G-模型结构

根据文献[67,69,147]及试样的微观组织分析可得 HT250 中的石墨多为中间长条、两端有尖端的长条状形态。对结合区 50 条石墨的高度进行统计，高度范围为 0.05～0.5mm，均值为 0.2mm，其中石墨尖角的高度为 0.025mm，石墨中间长条状的高度为 0.15mm。石墨的宽度范围为 0.005～0.01mm，均值为 0.008mm。简化石墨形状为中间圆柱、两端圆锥状，其中石墨总高度(H_G)为 0.2mm，圆柱高度(H_{G_1})为 0.15mm，圆锥高度(H_{G_2})为 0.025mm，直径(ϕ_G)为 0.004mm。G-模型的基体部分和石墨部分的形态尺寸是由多个尺寸取均值获得的，因此该尺寸参数与形态具有普遍性。

根据 C-模型中离散出的结合区的部分单元，获得该部分单元的节点温度循环曲线及 X、Y、Z 三方向的位移变化曲线。所选取的结合区部分共有三个单元，包括 16 个节点，提取这 16 个节点的温度循环曲线和位移变化曲线。利用最小二乘法对每个节点的曲线进行拟合，获得拟合后的温度循环曲线和位移变化曲线，如图 5-11 和图 5-12 所示，则这些曲线可代表该部分单元在熔覆过程中的温度变化

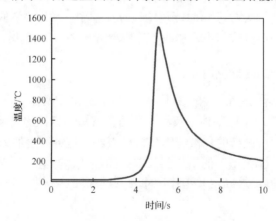

图 5-11　G-模型的温度循环曲线

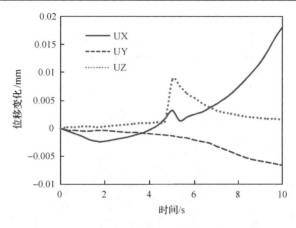

图 5-12　G-模型的位移变化曲线

和位移变化情况。G-模型采用热力间接耦合的方法进行模拟，即在模拟过程中首先对 G-模型施加如图 5-7 所示的温度循环曲线作为温度载荷。温度场计算完成之后，将温度场计算结果作为载荷，并施加如图 5-8 所示的动态位移约束作为边界条件，进行应力场计算。

5.2.4　石墨相区域的应力分析

众多研究结果表明激光修复过程中裂纹的萌生是在冷却过程中受到拉应力作用而产生的[148]。当激光光斑离开扫描区域后，该区域温度迅速降低，开始收缩凝固。然而由于材料整体性的影响，该部分区域的冷却凝固收缩必将受到周围及中心区域的约束[149]，从而受到很大的拉应力。同时在冷却过程中，熔池逐渐凝固，枝晶间的相互勾连会导致残余的液态金属不易自由流动，从而导致枝晶间液态金属凝固收缩时没有足够的液体补充，产生液膜分离导致微裂纹生成[150]，因此，重点研究 G-模型在冷却过程中的拉应力的变化情况。

以石墨尖端节点 A 点为例，该点在激光作用过程中的拉应力变化如图 5-13 所示，可分为 $T_1 \sim T_3$ 三个阶段。在 T_1 阶段，激光光斑远离 A 点，其热输入量极小，A 点区域远离受力变形区域，不受拉应力作用。T_2 为激光光斑作用于该点的阶段，该点温度迅速升高至 1650℃以上，在 5.11s 达到最高温度。A 点区域逐渐熔化，开始承受拉应力，应力值逐渐变大，但上升幅度不大，峰值约为 32MPa。当激光离开该点，该点温度迅速下降，A 点的拉应力出现一定波动并有轻微下降的趋势。T_3 阶段激光光斑逐渐远离 A 点，A 点温度继续下降。随着 A 点的凝固收缩，其承受的拉应力不断升高，但上升速率随着温度的降低逐渐变缓。在熔覆结束时刻 A 点的应力值达到约 200MPa。熔覆结束之后，其拉应力稳定在 200MPa。

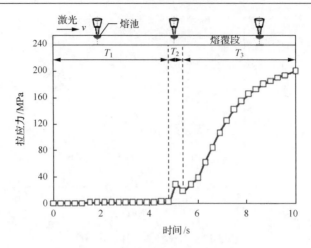

图 5-13　A 点的拉应力变化曲线

　　G-模型中央剖面的应力云图显示：在冷却过程中，相比远离石墨的基体，石墨附近区域所受到的拉应力较大，形成了与其他基体部分对比明显的应力区。拉应力值由石墨向外逐渐减小。在石墨区域，拉应力首先出现在石墨尖端和石墨与基体的界面中部，并有应力集中现象。冷却开始时，拉应力值较小，约为 50MPa，如图 5-14(a) 所示。随着冷却过程的进行，石墨邻近区域的应力区面积和应力值均

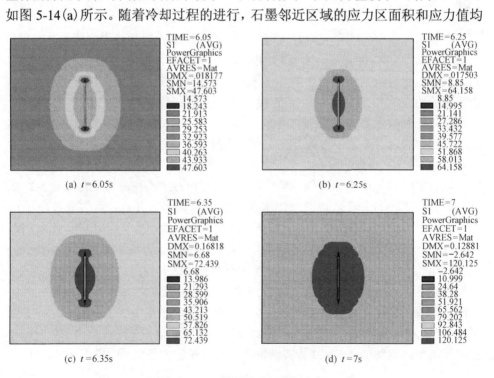

图 5-14　G-模型瞬时拉应力分布

逐渐增大，石墨尖端的应力集中现象更加明显，如图 5-14(b) 和图 5-14(c) 所示。随着温度的进一步降低，石墨邻近区域全部变为高应力集中区域，应力值也不断增大，如图 5-14(d) 所示。

　　为分析石墨尖端和远离石墨基体的应力变化情况，选取 A、B 两点进行分析，A、B 的位置如图 5-15 所示，A、B 的应力循环曲线如图 5-16 所示。由图 5-11 的温度变化曲线可知，G-模型的温度在 5s 左右达到最高值，在 5s 之前温度大致与

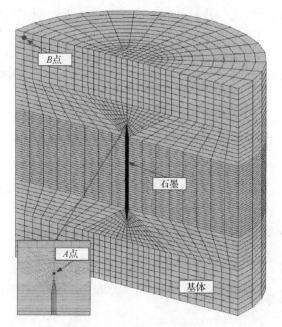

图 5-15　G-模型节点选取

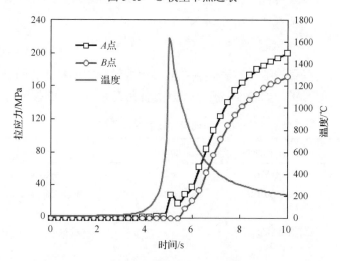

图 5-16　A 点和 B 点的拉应力变化曲线

室温保持一致，在 5s 之后温度迅速降低。结合 A、B 两点的应力循环曲线可知 G-模型在冷却过程中才开始逐渐承受拉应力。B 点的拉应力变化与 A 点基本一致。在 G-模型的温度峰值处，A 点的应力变化有轻微波动，而 B 点的应力没有波动，呈现逐渐上升趋势。在熔覆结束时，A 点的拉应力升高至 200MPa，而 B 点的拉应力升高至 170MPa。从两点的整体变化过程来看，在远离石墨区域的 B 点的拉应力比 A 点的平均小 20MPa。

结合区石墨部分熔化，其尺寸经历了较大变化，由试样显微组织可以发现结合区的石墨尺寸不同，其中有粗大石墨和细小石墨。石墨的力学性能很差，在铸铁中产生切口效应[19]，削弱了铸铁的力学性能，因此细小石墨是更为理想的一种石墨形态。对结合区石墨尺寸进行分析，石墨的尺寸大小是不同的，使用直径 ϕ_G 和高度 H_G 来表征石墨的尺寸，则可发现结合区石墨经历了局部熔化、碳元素的迁移扩散、结晶等过程，石墨的尺寸大小不一，如图 5-17 所示。椭圆形虚线内部为粗大石墨，具有较大的长度和直径，而其余石墨相对较为细小。

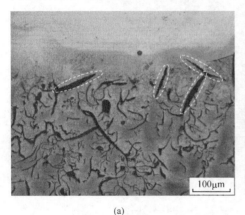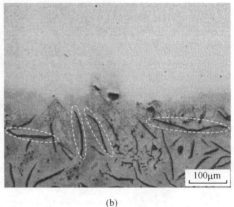

(a)　　　　　　　　　　　　　　　　　　(b)

图 5-17　结合区中的粗大石墨

为研究粗大石墨与细小石墨区域在激光熔覆过程中的拉应力特征，选取了不同长度、直径的石墨，如表 5-1 所示，分别研究其尖端部位的拉应力情况。

表 5-1　不同尺寸石墨的选取情况

参数方案	ϕ_G/mm	H_G/mm	尺寸说明
工况 1	0.008	0.2	平均直径和长度
工况 2	0.012	0.2	大直径和平均长度
工况 3	0.004	0.2	小直径和平均长度
工况 4	0.008	0.3	平均直径和大长度
工况 5	0.008	0.1	大直径和小长度

不同尺寸的石墨尖端的拉应力对比情况如图 5-18 所示，由图 5-18(a)可得石墨尖端的拉应力随着石墨直径的增加而增加。工况 1 中石墨的平均直径为 0.008mm，凝固过程中其尖端的最大拉应力约为 200MPa；工况 2 中的 G 为粗大石墨，直径为 0.012mm，其尖端最大拉应力约为 240MPa；工况 3 中的 G 为细小石墨，直径为 0.004mm，其尖端基体部位最大拉应力约为 140MPa。由图 5-18(b)可得石墨尖端拉应力随着石墨长度的增加而增加。工况 4 中的 G 为较粗大的石墨，长度为 0.3mm，其尖端基体部位最大拉应力为 253MPa；工况 5 中的 G 为较细小的石墨，长度为 0.1mm，其尖端基体部位最大拉应力为 162MPa。计算结果表明石墨尺寸能够较大地影响其尖端应力，随着石墨直径与长度的增加，石墨尖端的拉应力变大。石墨尺寸的增大导致石墨尖端拉应力在冷却过程中的增长速率变快。细小的石墨尖端的拉应力在冷却过程中有一段平缓的过渡期(5.2～6.3s)，在该时间段内拉应力没有太大变化。与细小石墨相比，粗大石墨更易导致微裂纹萌生。在灰铸铁 HT250 的激光熔覆实验中，并非所有结合区的石墨尖端都出现微裂纹，微裂纹只出现在部分较粗大石墨的尖端，数值计算结果与实验结果有较好地匹配。

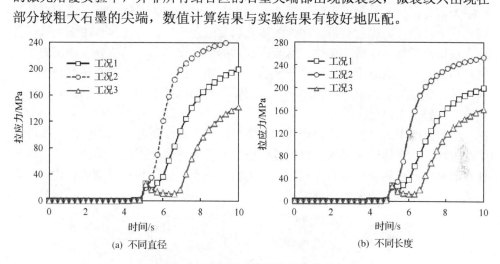

(a) 不同直径　　　　　　　　(b) 不同长度

图 5-18　不同尺寸的石墨尖端拉应力

由石墨相区域应力场的分析可知石墨尖端部位及石墨与基体界面处是容易产生拉应力集中的部位，尤其是粗大的石墨相尖端更容易受到较大的拉应力，这解释了 HT250 的激光修复实验中部分粗大石墨尖端处基体出现裂纹的情况。结合区中靠近石墨的区域组织包含残余奥氏体(A_r)，变态莱氏体($M+A_r+Fe_3C$)和高碳片状马氏体。高碳片状马氏体的韧塑性较差，石墨尖端的应力集中容易导致微裂纹产生。微裂纹的萌生和扩展是由石墨尖端的组织特征和应力集中的共同作用导致的。

第6章 激光工艺参数对石墨及环境相的影响

通过前面分析可知，激光工艺参数不仅能影响微观组织的转变，还能够影响修复层的温度、应力应变分布等，并与修复层中微裂纹缺陷的产生有密切联系，因此需要通过对结合区石墨碳原子扩散行为的分析，综合利用数值分析和实验研究等手段，分别研究扫描速度和激光功率对结合区石墨的环境温度、组织转变和石墨形态的影响。

6.1 结合区石墨中碳原子的扩散行为

为研究扫描速度对结合区石墨形成的影响机制，首先对结合区石墨的变化及碳元素的扩散行为进行分析。灰铸铁激光修复过程中，在激光热作用下，铁基合金和灰铸铁基体表面薄层熔化。修复层底部的熔化金属与灰铸铁表面薄层的熔化材料相混合，之后凝固形成了结合区的复杂组织。结合区的石墨在该过程中发生碳扩散。碳原子从石墨中扩散出来，与周围组织形成共晶团、马氏体、残余奥氏体等，石墨发生细化。

激光熔池中的对流有两种形式：一为表面张力梯度引起的强制对流，作用于熔池表层；二为熔池内部水平温度差异引起的自然对流，作用于熔池内部。这两种对流机制产生耦合，共同作用于熔池内的传质和传热，熔质流动的大体方向为从熔池内部向上部及表面，如图6-1所示。

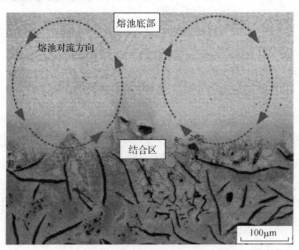

图6-1 结合区熔池循环情况

结合区顶部靠近熔池底端，在熔池对流的作用下，从结合区顶端石墨中扩散出来的碳原子很快运动到熔池中。扩散到熔池中的碳原子，受熔池极大的热输入、对流传质、浮力等作用，一部分以很快的速度均布到熔池中，与熔化的铁基合金生成相应组织，一部分碳原子运动到熔池表面发生气化。因此在结合区顶端始终保持着活跃的碳原子运动扩散区域，这极大促进了结合区顶端石墨的碳原子扩散。此外，激光辐照作用下，表层金属先发生熔化，并通过热传导作用将热量向下传递，随着距表层距离的增加，激光热作用逐渐变小，温度逐渐降低，材料的熔化程度变小。这也导致了结合区顶端石墨中碳原子的扩散较为活跃，结合区底端石墨中碳原子扩散不活跃的现象，如图 6-2 所示。

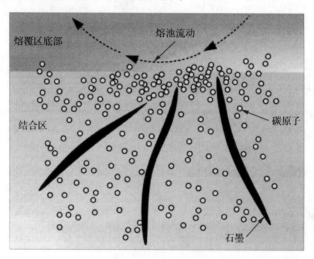

图 6-2 结合区石墨中碳原子的扩散

在结合区顶端，由于靠近熔池，石墨中扩散出来的碳原子很快被熔池的对流翻滚带走，相当于熔池中的液态金属起到了"稀释"的作用。而在结合区内部和底端，石墨远离熔池且石墨分布密度极大，构成了"石墨网络"。多条石墨中的碳原子都扩散出来，充斥在石墨网络狭小的空间内，形成一定程度的"碳饱和"，这阻碍了碳原子的扩散。由此可知，在温度和浓度的双重作用下，结合区顶端区域石墨中的碳原子扩散活跃，速度较快，而结合区中下端区域石墨中的碳原子扩散相对缓慢。

6.2 扫描速度对结合区石墨行为变化的影响

在实验中采用单一变量法研究工艺参数的影响。首先保持激光功率恒定，改变激光扫描速度，对不同速度下结合区石墨的温度环境、石墨形态变化、微观组织分布等进行研究，寻找恒定功率下合理的激光扫描速度。

在实验过程中保持激光功率恒定，改变激光扫描速度，观察其对组织转变、石墨大小形态的影响。所采用的工艺参数及比能量如表 6-1 所示，实验过程中，激光功率保持恒定为 3500W，扫描速度分别为 100mm/min、200mm/min、300mm/min、400mm/min。

表 6-1　功率不变、速度变化时的工艺参数

参数方案	激光功率 P/W	速度 v/(mm/min)	激光比能量 E/(J/mm²)
工况 1		100	210
工况 2	3500	200	105
工况 3		300	70
工况 4		400	52.5

利用比能量量化激光修复能量，其公式为

$$Q = \frac{P}{vW} \tag{6-1}$$

式中，Q 为比能量；P 为激光功率；v 为扫描速度；W 为矩形光斑宽度。在光斑尺寸不变的情况下，随着扫描速度的提高，比能量变小，材料受到的激光作用变小。以工艺参数为 3500W、300mm/min 的试样为例，分析石墨区域的温度变化情况。当激光光斑移动到模型修复层中心时，模型的横截面温度分布和所选取的节点分布如图 6-3 所示。

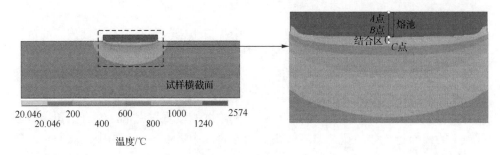

图 6-3　模型横截面温度分布及节点选取

图 6-3 中的温度大于 1240℃的区域设置为熔池区域。预置粉末厚度为 1mm，熔池的深度为 1.2mm，可知修复层与基体实现了冶金结合。选取熔池顶面和底面中心点 A 点和 B 点，其温度变化过程如图 6-4 所示。由熔池的温度变化曲线可知，修复区材料在激光辐照下经历了迅速加热与冷却的过程。熔池顶部和底部温度的

变化趋势是一致的,但熔池顶部的最高温度为 2574℃,底面的最高温度为 1700℃,二者相差 874℃。

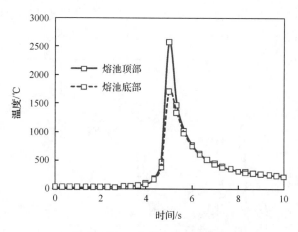

图 6-4　熔池顶部与底部的温度变化

　　由前面的分析可知,在工艺参数为 3500W、300mm/min 的试样微观组织中,结合区位于修复区下方,高度约为 0.32mm。根据结合区的位置和高度,确定结合区顶部与底部的中心点 B 点和 C 点,其温度变化过程如图 6-5 所示。与熔池温度变化相似,结合区也经历了快速加热和冷却的过程,但其顶部和底部的最高温度均低于熔池,分别为 1700℃和 1300℃。由此可知,结合区顶部的温度大于底部的温度,顶部石墨中碳原子的扩散速度较快,这也就形成了结合区顶部石墨出现细化而底部石墨变化不大的情况。

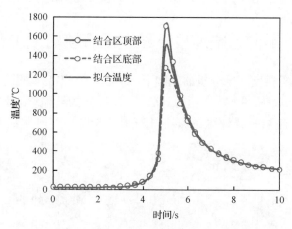

图 6-5　结合区顶部与底部的温度变化

使用工程中常用的最小二乘法将结合区顶部与底部的温度进行拟合，得到如图 6-6 所示的温度变化曲线，最高温度约为 1485℃，则拟合后的温度变化曲线可代表结合区的整体温度变化情况，即结合区石墨的温度环境。利用该方法，可得到工况 1～工况 4 的结合区石墨的温度环境，如图 6-6 所示。

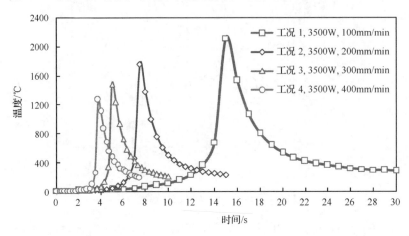

图 6-6　工况 1～工况 4 的石墨温度

由如图 6-6 所示的石墨温度环境可知，随着扫描速度的增加，激光光斑作用在试样上的总时间变短，由工况 1～工况 4 分别为 30s、15s、10s、7.5s。热源作用的比能量减小，结合区石墨温度环境所能达到的最高温度也变小，分别为 2114℃、1752℃、1483℃、1274℃。因此，在功率一定的情况下，随着扫描速度的增加，结合区石墨的温度作用时间变短，温度的作用强度变弱，碳原子的扩散减慢。

6.3　不同扫描速度下结合区石墨的形态变化

在结合区石墨温度环境分析的基础上，对工况 1～工况 4 的结合区微观组织及石墨形态进行研究。如图 6-7 所示为工况 1～工况 4 的石墨形态对比。在激光功率恒定的情况下，随着扫描速度的减小，石墨的长度和宽度明显变小，石墨的细

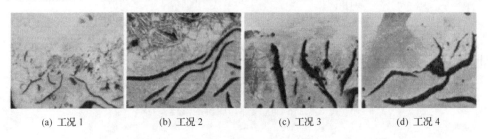

(a) 工况 1　　　　(b) 工况 2　　　　(c) 工况 3　　　　(d) 工况 4

图 6-7　不同扫描速度下的石墨形态对比

化程度增加。工况 1 和工况 2 能够明显观察到石墨的细化，而工况 3 中的石墨形态变化不大，工况 4 中的石墨形态变化最小。

工况 1 和工况 2 中石墨温度环境的最高温度分别为 2114℃ 和 1752℃，熔点（1240℃）以上的温度持续时间为 2.125s 和 1.125s；工况 3 中石墨温度环境的最高温度为 1483℃，熔点以上温度持续时间为 0.625s；工况 4 中最高温度和熔点以上温度持续时间分别为 1274℃ 和 0.125s。由此可知，工况 1 热作用的强度最大、时间最长，石墨中碳原子的扩散最多，石墨的细化程度最大。因此，在功率恒定的情况下，减小扫描速度，会增加激光输入能量，结合区的热作用强度和时间增大，结合区石墨中碳原子扩散程度变大，石墨细化更为显著。

如图 6-8 所示为工况 1～工况 4 中结合区的微观组织。由工况 1 的微观组织可以发现，由于热作用强度最大、时间最长，基体熔化深度增加，在结合区顶端可以观察到深度为 250μm 的混合熔化区域。石墨中碳原子的扩散程度变大，石墨细

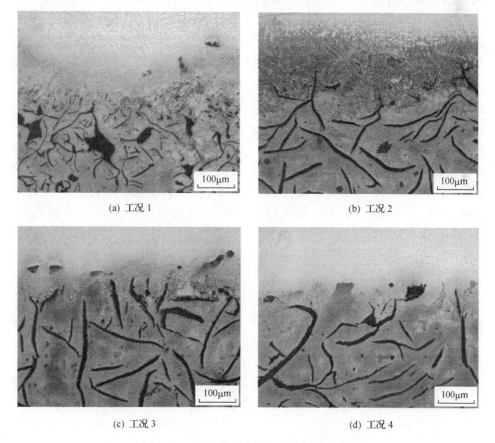

(a) 工况 1　　　　　　　　　　　　　　(b) 工况 2

(c) 工况 3　　　　　　　　　　　　　　(d) 工况 4

图 6-8　不同扫描速度下的结合区微观组织

化现象最为明显。石墨中有大量的碳原子扩散出来,在熔池作用下向熔池中移动。但由于冷却凝固速度很快,熔池存在时间较短,许多碳原子来不及均匀扩散到熔池内部,残留在了结合区顶端,形成细小的石墨团,夹杂在结合区顶端的共晶组织中,如图 6-8(a)所示。工况 2 石墨中大量的碳原子向熔池中扩散,在随后的冷却凝固过程中,在结合区顶端与熔池金属生成大量的共晶组织。由于工况 2 碳原子扩散程度小于工况 1,所以在共晶组织中未观察到明显的石墨残留。工况 3 中的石墨由于碳原子的扩散作用也产生了细化,由于扩散程度不强,在结合区顶端仅有少量的共晶组织生成。工况 4 中的石墨所受到的热作用最小,石墨形态变化不大,结合区顶端未有共晶组织生成。

共晶组织中包含大量的莱氏体共晶,其基体组织为渗碳体,碳含量较高,塑性很差,是典型的脆硬组织。这种组织的存在能够极大地削弱修复试样的机械性能,减弱结合区的结合强度,诱发微裂纹的产生,是一种应该避免的组织。从石墨的角度看,石墨长度宽度的减小、石墨的细化能够降低石墨对铸铁的割裂作用,提高修复试样的连续性,增强修复层与基体的结合强度。第 5 章中对结合区石墨区域热力分析的过程证明石墨尖端容易产生应力集中,且粗大石墨相对细小石墨容易导致更大的拉应力,因此细小的石墨形态是一种较为理想的石墨形态。虽然工况 1 中的石墨极大地细化,但是在结合区顶部出现了大量的共晶组织,且共晶组织中残留有大量的石墨团。此外,在工况 1 的微观组织中出现了大量的块状 C型石墨,这对试样性能是极为不利的。工况 2 中的石墨形态较好,为细化的片状A 型石墨,是一种较为理想的石墨形态。然而在结合区顶端出现了大量的高碳脆硬共晶组织,这削弱了试样的力学性能,对修复层与试样的结合强度产生了不利影响。工况 3 中的石墨形态也为细化的 A 型片状石墨,虽然细化程度不如工况 1和工况 2,但是结合区顶端的共晶组织较少,这有利于提升修复试样的机械性能和结合强度。工况 4 中的石墨基本没有发生细化,其形态没有太大变化,同时没有共晶组织出现。

结合脆硬共晶组织的数量分布及石墨形态,可认为工况 3 的工艺参数组合是较为合适的,其工艺参数细化了石墨形态,同时结合区仅有少量的共晶组织产生,这对提升结合区的机械性能和结合强度有较为积极的作用。

以修复层中心线中点 M 为例,分析工况 1～工况 4 中的温度变化过程,其温度循环如图 6-9 所示。激光修复和激光回程(0～12s)的温度变化是一致的。在激光二次扫描过程中,相比激光修复中的温度变化,所有试样均经历了较为平缓的升温和冷却过程。但由于扫描速度的不同,热作用持续时间不一样。工况 1 的扫描速度最慢为 100mm/min,因此其在二次扫描过程中的升温和降温过程最为平缓,即升温和降温所持续的时间最长。由于扫描速度最慢,所以工况 1 中试样有较多的热量积累,因而其二次扫描过程中能达到的温度最高为 673℃。随着扫描速度的升高,试样所能达到的最高温度降低,工况 2～工况 4 分别为 641℃、603℃、565℃,且二次扫描过程中升温、降温的持续时间变短。

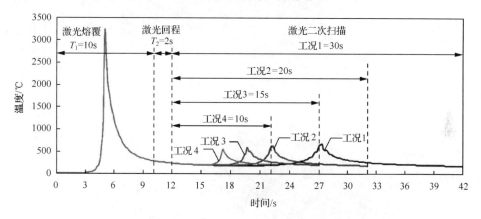

图 6-9　工况 1～工况 4 中 M 点的温度循环过程

如图 6-10 所示为激光二次扫描中间时刻工况 1～工况 4 的温度分布。当扫描速度较慢时,激光热作用区域的宽度较大,最高温度较高,如图 6-10(a)和图 6-10(b)所示。当激光扫描速度较快时,激光热作用区域的宽度减小,但是长度增加,如图 6-10(c)和图 6-10(d)所示。

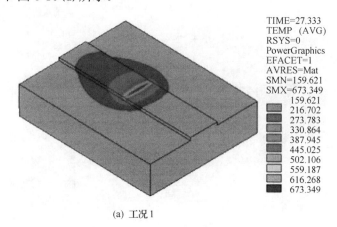

(a) 工况 1

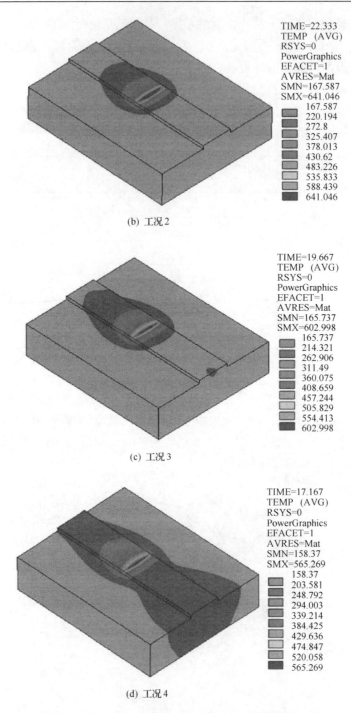

(b) 工况 2

(c) 工况 3

(d) 工况 4

图 6-10　工况 1～工况 4 中二次扫描中间时刻的温度分布

6.4　激光功率对结合区石墨行为变化的影响

由前面对扫描速度影响的研究可知,功率恒定为 3500W 时,300mm/min 的扫描速度下的石墨细化程度、组织分布较为合理。因此在研究激光功率变化的影响时,选择 300mm/min 的扫描速度,改变激光功率,研究不同激光功率下石墨的行为变化及微观组织的转变等。

6.4.1　激光功率对石墨温度环境的影响

在前面通过对结合区石墨的温度环境、石墨形态、微观组织的分析,判定工况 3 的工艺参数最为合适,即在激光功率 3500W 恒定的前提下,300mm/min 的扫描速度最合适。为研究激光功率对结合区石墨变化过程的影响,采用 300mm/min 作为扫描速度,改变激光功率。所采用的工艺参数及比能量如表 6-2 所示,扫描速度为 300mm/min,激光功率分别为 3100W、3300W、3500W、3700W,其中工况3 参数下的温度环境、微观组织、石墨形态已在前面做过阐述。

表 6-2　速度不变、功率变化时的工艺参数

参数方案	激光功率 P/W	速度 v/(mm/min)	激光比能量 E/(J/mm^2)
工况 3	3500		70
工况 5	3100		62
工况 6	3300	300	66
工况 7	3700		74

表 6-2 中的工艺参数的比能量较为相近,工况 7 最高为 74J/mm^2,工况 5 最低为 62J/mm^2,因此表 6-2 所示的工艺参数下的激光热作用相差不大。图 6-11 为工况 3 及工况 5~工况 7 结合区石墨的温度环境变化。

由石墨温度环境可知(图 6-11),在扫描速度一定的情况下,激光修复所用的时间是一样的,均为 10s。石墨温度环境所能达到的最高温度由激光功率决定,随着功率的升高,石墨环境温度所能达到的最高温度值略有上升,工况 5、工况 6、工况 3 和工况 7 的最高温度分别为 1291℃、1387℃、1483℃、1575℃。石墨环境温度的变化趋势基本一致,功率的升高导致冷却速度的轻微变缓。根据结合区石墨中碳原子的扩散规律可知随着激光功率的增加,结合区石墨的热作用强度变大,碳原子的扩散会更充分,但激光功率的变化幅度不大,因此石墨的形态变化程度不大。

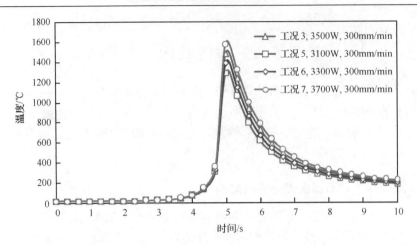

图 6-11　工况 3 及工况 5～工况 7 的石墨温度环境

6.4.2　不同激光功率下结合区石墨的形态变化

如图 6-12 所示为不同激光功率下的石墨形态变化。随着工况 5～工况 7 的激光功率逐渐升高，石墨形态仅有轻微程度的细化，这说明功率由 3100W 升高至 3700W 对石墨中碳原子的扩散影响不大。在扫描速度恒定的前提下，激光热作用的时间是相同的，均为 10s。由图 6-11 中的结合区温度变化情况可知，不同功率下石墨区域的最高温度值较为接近，功率每升高 200W，最高温度值上升不到 100℃，最大功率和最小功率下的最高温度仅相差 284℃。此外，从表 6-2 中比能量的差异来看，不同功率下的比能量相差很小，因此激光热作用的强度相差不大。当激光热作用时间相同、强度相近时，结合区石墨的扩散程度是非常相似的，这导致了石墨的细化程度非常接近(图 6-12)。

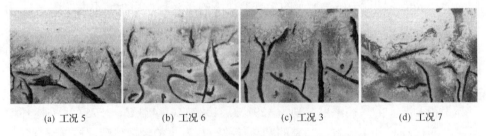

(a) 工况 5　　　　(b) 工况 6　　　　(c) 工况 3　　　　(d) 工况 7

图 6-12　不同激光功率下的石墨形态对比

通过比较可知，相邻功率下的石墨形态差别很小，但随着功率的升高，石墨形态是逐渐细化的，如最大功率工况 7 与最小功率工况 5 下的石墨形态有较为明显的差别。此外，在不同功率下的结合区组织中，能观察到少量的粗大石墨，这是修复前基体中原有的不良粗大石墨残留下来的，结合区大部分石墨在修复过程中保持细化的趋势。如图 6-13 所示为恒定扫描速度、不同激光功率下的结合区微观组织形貌。

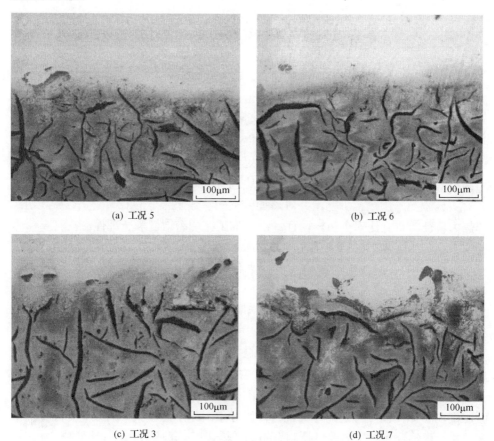

(a) 工况 5　　　　　　　　　　　　　　(b) 工况 6

(c) 工况 3　　　　　　　　　　　　　　(d) 工况 7

图 6-13　结合区的微观组织

　　因激光功率变化较小，微观组织并没有太大差异，结合区的上部与熔池底部交界处存在少量共晶体，结合区中部石墨网络之间充斥着大量片状马氏体和残余奥氏体，因此扫描速度恒定下的激光功率小幅变化不能对石墨变化过程产生明显的影响。

第 7 章　石墨及环境相的工艺优化研究

激光工艺参数能够影响到石墨形态、微观组织的变化，且扫描速度对石墨形态的影响更大，然而工艺参数对修复质量的影响与材料自身特性、加工环境等有密切的关系，不同材料在修复过程中的最优工艺参数是不一致的，因此仅通过调整参数来优化修复过程存在一定的局限性。相比工艺参数，通过设计合理的工艺策略来优化石墨形态、改善修复质量是更为灵活可控的技术手段，也可以拓展应用到不同材料的修复过程。通过总结对比已有的研究，设计提出一种在修复完成之后实施激光二次扫描工艺，并对该工艺不同参数组合下的石墨变化、微观组织和热力特征等进行比对分析，验证二次扫描工艺的有效性和合理性。

7.1　激光二次扫描工艺的提出

由于激光修复极高的温度梯度与冷却速率导致了极大的热应力，从而致使微裂纹的产生。通过缓冷调整激光修复过程中的温度循环过程，适当降低冷却速率，对于降低残余应力、抑制裂纹的产生有良好的效果。现有的缓冷措施主要集中在炉内缓冷[151]和后续热处理方面[152]。现有的缓冷措施需要多套设备的辅助操作，且较为费时费力。如炉内缓冷需要配套的保温炉、保温箱等设施，且炉内长时间缓冷削弱了激光修复快速冷却的优势，易导致组织形态粗大。后续热处理则需要保温炉、载物台和相关的温度控制系统，且热处理时间多在 10 小时左右，加工过程费时复杂。考虑现有缓冷措施的不足和热处理工艺的复杂性，利用激光束操作灵活可控的特点，提出了一种激光二次扫描的工艺措施。通过开展相应的实验研究，对二次扫描作用下试样的微观组织、石墨形态变化、裂纹产生情况进行分析，同时利用数值模型，模拟激光二次扫描过程，分析有无激光二次扫描环节、不同参数下的激光二次扫描环节对修复层热-力特征变化的影响。

激光二次扫描工艺是指在激光修复完成之后，对修复层施加低能量密度的激光扫描过程，以释放修复层的残余应力。众多实验证实了工艺参数与裂纹的产生有密切的联系[150]。本书中的激光修复为单层单道，实验过程中光斑、送粉方式均不变，因此对裂纹产生直接影响的工艺参数为激光功率和扫描速度。在其他参数一定的前提下，裂纹数量随扫描速度的提高而增加，随激光功率的提高而减少。因此，在激光二次扫描过程中，为释放修复层的残余应力，减小裂纹开裂倾向，应降低扫描速度。同时为防止激光二次扫描过程中修复层发生熔化，或修复层温度过高导致组织粗化，须适当降低激光功率。

由第 4 章的研究可知，扫描速度对石墨形态、组织分布、组织特征的影响作用很大，而激光功率的作用相对较小。同时结合现有的关于激光工艺参数对裂纹影响的研究可知，扫描速度相比激光功率，对修复层裂纹具有更大更直接的影响，因此在激光二次扫描过程的工艺参数设计时，保持恒定的低激光功率，只对扫描速度进行变化，重点分析扫描速度的影响。设定激光二次扫描过程中功率 (P_2) 恒定为 500W，扫描速度 (V_2) 分别为 100mm/min、150mm/min、200mm/min、300mm/min，选取的工艺参数如表 7-1 所示。其中工况 1～工况 4 的实验为在修复后施加激光二次扫描，工况 5 为对比实验，只包括修复过程，无激光二次扫描过程。在前面对激光修复工艺参数的研究中，可得激光功率 3500W、扫描速度 300mm/min 为较理想的工艺参数组合，因此在激光修复过程中采用该参数。激光二次扫描过程中功率恒定为 500W，扫描速度分别为 100mm/min、150mm/min、200mm/min、300mm/min。

表 7-1　激光二次扫描工艺参数

参数方案	功率 P_1/W	扫描速度 v_1/(mm/min)	二次扫描功率 P_2/W	二次扫描速度 v_2/(mm/min)
工况 1			500	100
工况 2			500	150
工况 3	3500	300	500	200
工况 4			500	300
工况 5			无二次扫描	无二次扫描

如图 7-1(a) 所示，在实验前将合金粉末预置在试样表面，当激光辐照到预置粉末时，粉末和试样表面薄层迅速熔化，在随后的冷却过程中迅速凝固，并形成冶金结合。修复后的试样主要分为四部分，由上到下分别是修复层、结合区、热影响区和基体。激光二次扫描工艺主要包括激光修复、激光回程和激光扫描三个环节，如图 7-1(b)～图 7-1(d) 所示。图 7-1(b) 为激光修复过程，修复功率为 3500W，扫描速度为 300mm/min，修复过程共 10s。在激光修复完成之后，激光关闭 ($P=0$)，同时激光头以较快的速度 (1500mm/min) 返回修复初始位置，同时将激光功率降低至 500W，所需时间为 2s，如图 7-1(c) 所示。激光头回到修复初始位置之后，激光打开，以不同的扫描速度对修复层进行二次扫描。二次扫描过程如图 7-1(d) 所示，激光功率设定为 500W，扫描速度分别为 100mm/min、150mm/min、200mm/min、300mm/min，所需时间分别为 30s、20s、15s 和 10s。

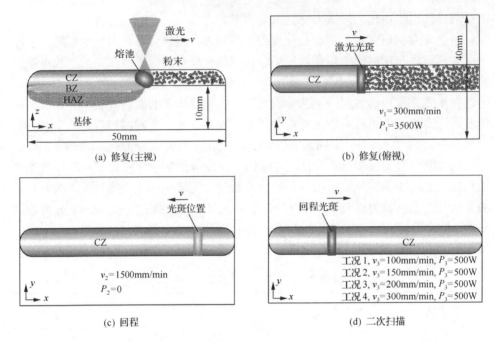

(a) 修复(主视)　　　　　　　　　　　　(b) 修复(俯视)

(c) 回程　　　　　　　　　　　　　　　(d) 二次扫描

图 7-1　激光二次扫描过程描述

7.2　激光二次扫描的热力特征分析

采用数值分析手段研究激光二次扫描过程中修复层的热力变化情况，通过改进第 2 章中的激光修复数值模型，添加激光二次扫描环节，分析有无激光二次扫描环节、不同速度下的激光二次扫描环节对修复层温度、应力状态的影响。

7.2.1　温度响应过程

以工况 3 为例，对激光二次扫描过程中的热力响应过程进行分析。如图 7-2 所示为工况 3 中修复层中心线中点 M 的温度循环曲线。T_1 为激光修复阶段，共 10s。在修复过程中，当激光靠近 M 点时，温度急速上升至 3200℃，随着激光远离 M 点，其温度迅速下降，在修复结束时的温度约为 300℃。之后为 T_2 激光回程阶段，激光头关闭，并高速返回至修复起始端，所需时间为 2s。激光回程过程中，M 点的温度持续下降，但下降幅度较小，在 T_2 末端，温度降至 245℃。

T_3 为激光二次扫描阶段，扫描过程中功率为 500W，速度为 200mm/min，该过程共持续 15s。激光二次扫描过程中由于速度较慢，所以相对修复阶段，M 点的温度上升和下降速率较为平缓。由图 7-2 中 T_3 阶段的温度循环情况可知，在

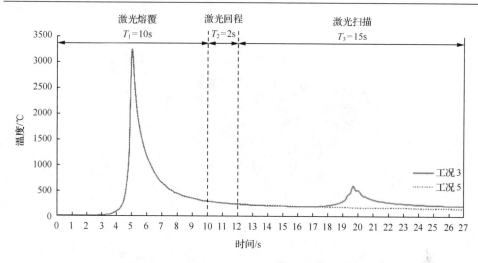

图 7-2　工况 3 与工况 5 中 M 点温度循环过程

18.4～19.7s 时，M 点温度由 221℃升高至 603℃，温度上升过程较平缓。在 19.7～21.5s 过程中，M 点温度由 603℃下降至 305℃，下降速度较为缓慢。之后 M 点温度缓慢下降，在二次扫描结束时，温度为 209℃。由 T_3 阶段的温度变化过程可知，由于扫描速度较慢，二次扫描过程中的温度上升和下降均较为平缓，且在随后的冷却过程时间较长，温度下降缓慢，这为修复层残余应力的释放提供了条件。工况 5 只有激光修复过程，无二次扫描环节，其激光修复过程与工况 3 是一致的，在激光修复完成之后试样温度一直冷却，如图 7-2 所示。

如图 7-3 所示为工况 3 中激光修复(T_1)、激光回程(T_2)、激光扫描(T_3)三个阶段中间时刻的温度分布情况。图 7-3(a)为激光修复中间时刻，热作用区域呈带状分布；图 7-3(b)为激光回程中间时刻，试样不受激光作用，处于降温过程。修复

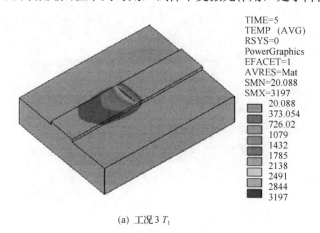

(a) 工况 3 T_1

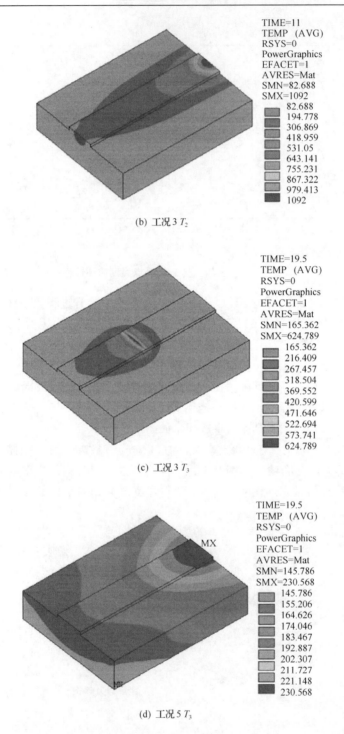

(b) 工况 3 T_2

(c) 工况 3 T_3

(d) 工况 5 T_3

图 7-3 工况 3 和工况 5 中 T_1、T_2、T_3 阶段中间时刻的温度分布

层末端的温度最高，约为 1092℃，起始端的温度最低。图 7-3(c) 为激光二次扫描中间时刻(19.5s)，其温度分布与修复过程类似。图 7-3(d) 为此时刻工况 5 的温度分布情况，可知无二次扫描作用时，试样的温度已下降到 140～230℃，其中最高温位于修复层末端，为 231℃。

7.2.2　应力响应过程

1. 瞬时热应力的变化过程

如图 7-4 所示为工况 3 与工况 5 中 M 点的 X 方向瞬时热应力的变化情况。T_1 阶段为激光修复阶段：当光斑远离 M 点时，M 点附近的单元未被激活，不参与计算，因此应力为零；随着光斑靠近，位于 M 点前端的材料受热膨胀，挤压 M 点，因此 M 点受到 X 方向正向作用力；当光斑作用于 M 点区域时，M 点受热膨胀，受到周围材料的约束，因此受 X 方向负向作用力；之后 M 点区域熔化，应力迅速减小；当光斑离开 M 点区域时，该区域冷却收缩，受到 X 方向正向热应力作用，且应力迅速升高。

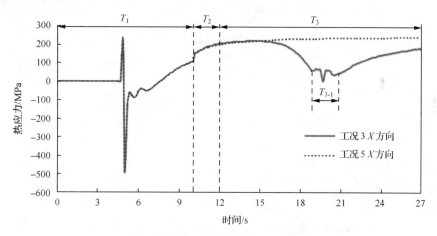

图 7-4　工况 3 与工况 5 中 M 点 X 方向的瞬时热应力

工况 3 与工况 5 在激光修复阶段和冷却阶段的变化是一致的，其中修复阶段为 T_1(0～10s)，冷却阶段包括 T_2 阶段(10～12s)和 T_3 部分阶段(12～14s)，在 14s 时两者的热应力均为 215MPa。在 14s 之后工况 5 中的热应力以非常缓慢的速度上升，在 27s 时拉应力为 236MPa。由于受到激光二次扫描的影响，工况 3 中 M 点前端的材料受到激光二次热作用而膨胀，对 M 点形成挤压，M 点区域开始承受压应力，从而使 M 点区域的原有拉应力作用逐渐减弱；当二次扫描光斑作用于 M 点区域时，即在 T_{3-1} 阶段，压应力作用与原有拉应力达到平衡，M 点的应力状态为零；随着二次扫描激光离开该点，该点区域逐渐受到 X 正方向应力作用，并在冷却过程中逐渐升高，在 26s 左右达到稳定状态，维持在 176MPa。在 27s 时工况 3 X 方向的热应力为 176MPa，而工况 5 则高达 236MPa，两者相差 60MPa，由此可知激光二次扫描可明显降低 X 方向的瞬时热应力。

如图 7-5 所示为工况 3 与工况 5 中 M 点的 Y 方向瞬时热应力的变化情况。在前 14s 过程中，两者的热应力变化情况是一致的。在 14s 之后，工况 5 中 Y 方向的瞬时热应力基本恒定，保持在 125MPa 左右。而工况 3 中试样受到激光二次扫描作用，随着二次扫描光斑的靠近，Y 方向瞬时热应力由 130MPa 的拉应力迅速转变为 280MPa 的压应力。该区域在二次扫描加热过程中由拉应力向压应力转变的原因与图 7-4 中的转变是一样的，但由于修复层 Y 方向应变较大，从而导致修复层在受热膨胀时受到周围基体的约束更大，压应力的作用更大，在"中和"掉 M 点原有的拉应力后，压应力继续作用，从而导致拉应力转变为了压应力。之后随着光斑的远离，M 点逐渐由压应力转变为拉应力，在 23s 之后基本恒定，维持在 150MPa。比较工况 3 与工况 5 Y 方向的瞬时热应力可得，激光二次扫描使得 Y 方向瞬时热应力升高，但升高幅度很小，仅为 25MPa。

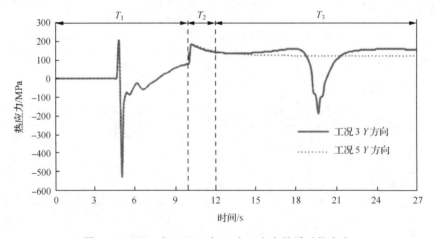

图 7-5　工况 3 与工况 5 中 M 点 Y 方向的瞬时热应力

如图 7-6 所示为工况 3 与工况 5 中 M 点的 Z 方向瞬时热应力的变化情况。两者的变化规律基本一致，在修复阶段受到激光直接作用形成熔池时有应力突变发生，在之后的各时刻中，Z 方向基本不受热应力作用。工况 3 与工况 5 的区别在于在激光二次扫描过程中，工况 3 在二次扫描光斑的直接作用下有很小的应力突变。由此可知试样受到 Z 方向的热应力很小，因而激光二次扫描对 Z 方向的热应力几乎没有影响。综合 M 点 X、Y、Z 方向的瞬时热应力可知，激光二次扫描显著减小了 X 方向的瞬时热应力，但导致 Y 方向瞬时热应力的小幅增加，对 Z 方向热应力几乎没有影响。由三个方向的瞬时热应力矢量叠加(图 7-7)来看，激光二次扫描对降低瞬时热应力是有利的，二次扫描使热应力降低了 60MPa。

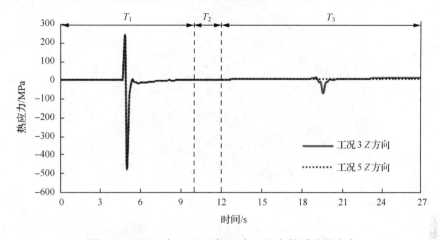

图 7-6　工况 3 与工况 5 中 M 点 Z 方向的瞬时热应力

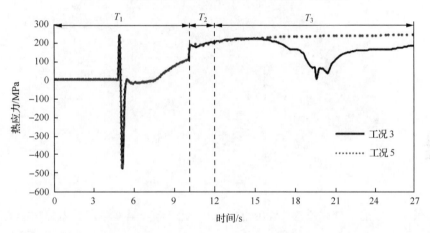

图 7-7　工况 3 与工况 5 中 M 点的瞬时热应力

2. 残余拉应力的变化过程

瞬时热应力是判断激光热作用过程中热力变化的重要参数。在激光热作用过程结束之后，试样冷却至室温，其内部应力状态达到稳态，此时存在于试样内部的应力为残余应力。残余应力对于试样的实际应用过程有直接影响，是判别修复质量优劣的重要依据，因此有必要对激光二次扫描工艺下的残余应力状态进行研究。灰铸铁 HT250 属于典型的抗压不抗拉材料，其抗拉强度很低，因此重点研究其残余拉应力。如图 7-8 所示为工况 3 和工况 5 中试样冷却至室温后的残余拉应力的分布情况。

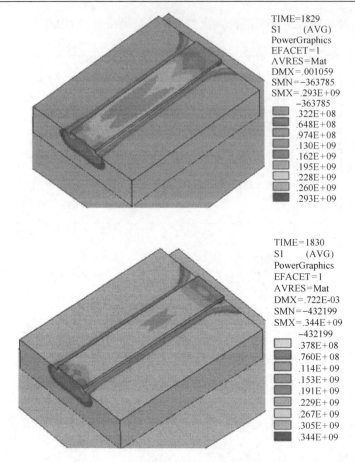

图 7-8　工况 3 和工况 5 中残余拉应力分布

　　图 7-8 中的试样经过约 1800s 的冷却，温度已降至室温，其内部拉应力达到稳态。工况 3 与工况 5 中的残余拉应力分布基本一致：由于激光热源主要作用在修复层，所以残余拉应力主要集中在修复层和修复层附近区域，远离修复层的基体区域的残余拉应力值较低；在修复层的中部形成了较高的应力区域，而修复层两端的应力值相对较低，这说明试样在冷却过程中，修复层中心区域的收缩情况最为严重；修复层与基体的交界线两端出现了最大的拉应力值，是容易萌生裂纹的危险部位。尽管工况 3 与工况 5 中残余拉应力的分布状态大体一致，但工况 3 中的应力值比工况 5 中的应力值要小，如工况 3 修复层中部拉应力值为 260MPa，而工况 5 为 305MPa；工况 3 修复层与基体交界线结束端的拉应力值为 293MPa，而工况 5 为 344MPa。这说明激光二次扫描对缓解残余拉应力是有效的。

　　为更好地研究残余拉应力的分布情况，选取了不同的路径研究其残余拉应力。取模型关于中心截面对称的一半，所选取的主要路径如图 7-9 所示。路径 1 为激光

扫描中心线，路径 2 为修复层与基体的交界线，路径 3 为修复层横向路径，路径
4 为修复层和基体的深度方向上的路径，路径 5 与路径 1 平行，根据两条路径间
的距离 d 的不同，可研究激光扫描方向上不同深度的路径分布，其中 d 分别取值
为 0.5mm、1.0mm、1.5mm 与 2.0mm。

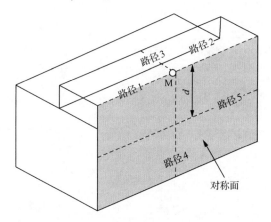

图 7-9　残余拉应力的提取路径

　　通过路径 1～路径 4，可较为全面地观察修复层与基体在长度方向、横向与深
度方向的残余拉应力的分布情况，如图 7-10 所示。图 7-10(a) 为路径 1 的激光扫
描中心线上的残余拉应力分布，在路径 1 的始端和末端残余拉应力的值均较小，
在路径 1 中部的残余拉应力值较大，其中工况 5 约为 265MPa，而工况 3 仅为
220MPa，且工况 3 中残余拉应力的下降趋势更为明显。图 7-10(b) 为路径 2 的修
复层与基体交界线上的残余拉应力分布，在修复起始端的应力值较大，其中工况
3 为 255MPa，工况 5 为 274MPa。由路径起始端向中部靠近的过程中，应力值变
小且变化过程逐渐平缓。在靠近路径末端处，应力值再次出现波动。路径 2 上工
况 3 与工况 5 的变化趋势是一致的，但是在路径中部的应力平缓区域，工况 5 中
的残余拉应力比工况 3 中对应各点的应力平均要高 25MPa。修复层横向路径上残
余应力的分布如图 7-10(c) 所示。与其余路径上残余拉应力的分布不同，路径 3
上的应力分布较为均匀，工况 3 的平均拉应力约为 230MPa，而工况 5 约为 263MPa，
两者相差 33MPa。图 7-10(d) 为修复层与基体深度方向路径 4 上的残余拉应力分
布，工况 3 与工况 5 中的拉应力分布几乎是一致的。在修复层(0～1mm)中保持较
高的应力状态，约 270MPa，在修复层下部(1～2mm)的路径中，应力急剧下降，
在 2mm 处降为–6MPa，之后随着深度的增加，拉应力缓慢上升至 45MPa。这说明
在激光修复过程中，修复层是激光热作用最剧烈的区域，在修复结束之后存在很
高的残余拉应力，而远离修复层的基体中残余拉应力值很低。

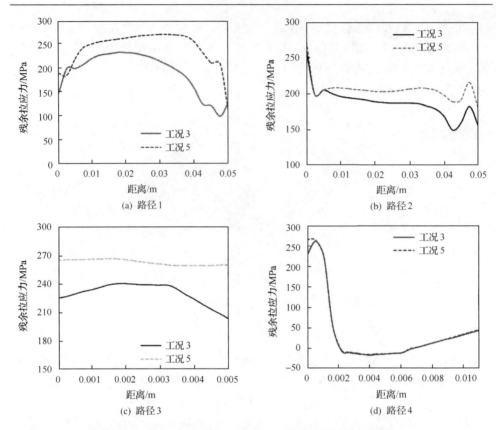

图 7-10　工况 3 和工况 5 中路径 1～路径 4 上的残余拉应力

路径 5 与路径 1 平行，通过 d 的大小可设定路径 5 的深度，路径 5 反映了不同深度上试样长度方向上的残余拉应力分布(图 7-11)。图 7-11(a) 和图 7-11(b) 中的 d 分别为 0.5mm 和 1.0mm，则路径 5 代表了试样长度方向上修复层内部的残余拉应力的分布情况。修复层内部的残余拉应力在两端较低，在路径 5 的路径中部，拉应力值变大且基本保持恒定。图 7-11(c) 和图 7-11(d) 中 d 分别为 1.5mm 和 2.0mm，则路径 5 代表了修复层下部基体中的残余拉应力的分布情况。与修复层中的拉应力分布不同，靠近修复层的基体部分在路径 5 两端的拉应力值较大，而在路径中部的残余拉应力值较小且基本保持恒定。工况 3 与工况 5 在该路径上的分布基本一致，说明激光二次扫描对该方向路径上的残余拉应力值影响不大。所选取的路径基本可以涵盖激光修复试样上各位置分布的残余应力情况，通过对各路径上残余拉应力分布的研究可知，激光二次扫描在减小试样残余拉应力，尤其在降低修复层的残余拉应力方面，有较为积极的作用。

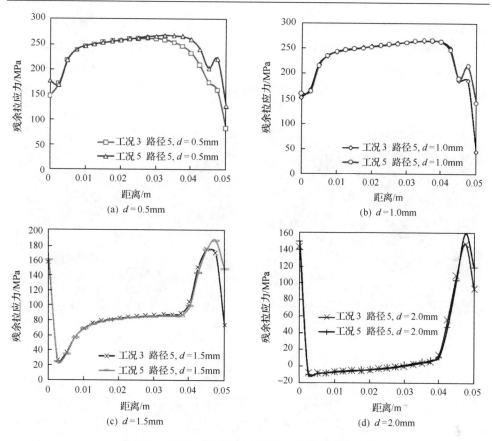

图 7-11 工况 3 和工况 5 中路径 5 上的残余拉应力

7.3 二次扫描中石墨及环境相的组织变化

通过对工况 3 和工况 5 数值模型的研究,分析了激光二次扫描对温度响应过程的影响,验证了激光二次扫描在减小瞬时热应力和残余拉应力方面的有效性。在对激光二次扫描热-力特征数值分析的基础上,为揭示二次扫描对修复试样微观组织、石墨形态等的影响,开展了相应的实验研究,实验中的工艺参数如表 7-1 所示。以工况 3 和工况 5 为例,分析激光二次扫描对试样不同区域的微观组织、石墨形态等的影响。

图 7-12 为工况 3 和工况 5 中修复区底部和中部的微观组织,受温度梯度和冷却速度的影响,在修复区底部形成了胞状树枝晶,随着与基体距离的增加,在修复区中部形成了树枝晶组织。图 7-12(a)为激光二次扫描作用下工况 3 的修复区组织,与图 7-12(b)中无激光二次扫描的工况 5 组织形态相比,工况 3 中的树枝晶形

态更大，树枝晶"枝干"更为粗壮，且二次晶轴出现粗化现象，这是激光二次扫描使修复层经历了一个平缓升温与降温的过程，这为树枝晶枝干和二次晶轴的再发育提供了条件。工况 5 仅为激光修复过程，无激光二次扫描环节，在激光修复过程中由于极高的升温降温速率，从而使修复层形成了细小致密的树枝晶组织。

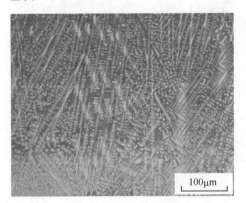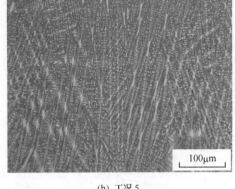

(a) 工况 3　　　　　　　　　　　　　　　　(b) 工况 5

图 7-12　工况 3 和工况 5 修复区中下部组织

如图 7-13 所示为工况 3 和工况 5 修复区的顶部组织。该区域接近修复层表层，温度梯度最小，冷却速度最大，从而形成了由树枝晶向细小等轴树枝晶的过渡组织。图 7-13(a) 为工况 3 中修复区的表层组织，相比工况 5 的组织，工况 3 中有更多未转变完全的树枝晶组织，而等轴晶的比例相对较少。工况 5 具有更多的等轴晶组织，且其形态相比工况 3 更细小致密。

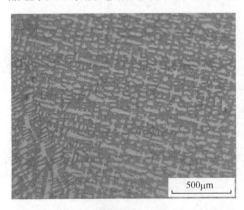

(a) 工况 3　　　　　　　　　　　　　　　　(b) 工况 5

图 7-13　修复区顶部组织

工况 3 和工况 5 的结合区组织如图 7-14 所示。结合区的石墨形态相比基体组织均出现了细化，但工况 3 中的细化程度要稍高于工况 5。但由于激光二次扫描过程中的激光热作用较小，结合区温度较低且热作用的时间相对较短，因此工况 3 与工况 5 中的石墨细化程度并没有太大区别。通过对有无激光二次扫描过程的工况 3 和工况 5 的数值模拟分析可知，二次扫描为修复后的试样提供了一个二次热作用过程，该过程中温度上升和下降速度较为平缓，为缓解修复层瞬时热应力、释放修复层的残余应力提供了有利的条件。通过相应的实验研究可知，二次激光扫描使修复层组织发生二次发育而更加粗大，结合区石墨形态无太大变化。

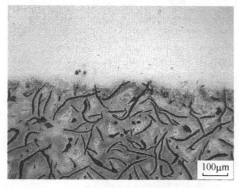 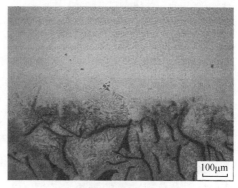

(a) 工况 3　　　　　　　　　　　　　　　　(b) 工况 5

图 7-14　工况 3 和工况 5 结合区组织

7.4　激光二次扫描过程中速度的影响

由前面对激光二次扫描作用下的热响应和应力响应的分析可知，激光二次扫描为修复后的试样提供了一个温度平缓上升和下降的过程，该热作用区间为试样残余应力的释放提供了很好的条件，二次扫描环节对减小瞬时热应力和修复层的残余拉应力有明显作用，为了进一步优化激光二次扫描环节，对不同速度下的激光二次扫描过程进行研究。

7.4.1　瞬时热应力响应分析

以修复层激光扫描中心线中点 M 为例，分析工况 1～工况 4 中瞬时热应力的变化情况，如图 7-15 所示。无激光二次扫描环节的工况 5 在激光修复之后，应力逐渐升高，并在 14s 左右基本保持恒定，呈现缓慢上升状态，其值约为 240MPa，在冷却到室温之后，M 点的应力值为 275MPa。工况 1～工况 4 在激光修复之后，又经历了激光二次扫描环节，其应力变化的大致趋势为：残余拉应力逐渐变小，并在二次扫描光斑辐照下的拉应力最小；随着光斑离开该点，拉应力值升高，并在二次扫描完成之后逐渐趋于平稳，工况 1～工况 4 的应力值相比工况 5 均减小。

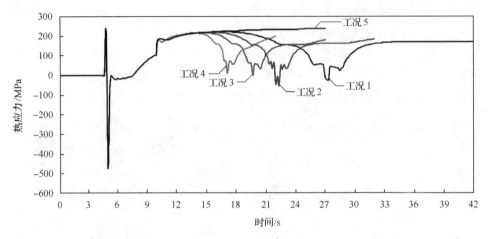

图 7-15　工况 1～工况 4 中 M 点的瞬时热应力变化过程

比较工况 1～工况 4 中的瞬时应力变化情况可以发现，随着扫描速度的降低，瞬时热应力呈现减小的趋势。工况 4 中二次扫描速度最快为 300mm/min，其二次扫描后期的应力值保持在 200MPa，在试样冷却至室温后应力值变为 255MPa。工况 1～工况 3 的扫描速度分别为 100mm/min、150mm/min、200mm/min，其在二次扫描后期的应力值分别为 175MPa、185MPa、187MPa，在试样冷却至室温后应力值变为 198MPa、222MPa、225MPa。由此可知，随着激光二次扫描速度的降低，M 点的瞬时应力值和冷却完成后的应力值均减小。这是因为随着二次扫描速度的降低，修复层所经历的二次升温和降温过程更为平缓，这为应力的释放提供了更好的条件。虽然二次扫描过程中速度的降低有助于减小应力，但增加了试样加工的时间，同时随着速度的降低应力值减小的幅度逐渐变小。因此在设计激光二次扫描环节时，须综合考虑各方面的影响。

7.4.2　残余拉应力响应分析

残余拉应力对于灰铸铁激光修复试样的应用过程有直接的影响，若修复试样的残余应力较大，则在重载、振动等恶劣工况下，试样修复层易出现裂纹，甚至出现涂层剥落现象，因此，须研究修复试样的残余应力分布情况。

如图 7-16 所示为工况 1～工况 4 中残余拉应力的分布，由图可知工况 1～工况 4 中的残余拉应力分布区域较为一致：残余拉应力多集中在修复层与修复层附近区域，在修复起始端和结束端也存在较大的应力区域。修复层中部存在高应力区，修复层两端的残余拉应力相对较小，说明试样中部在冷却过程中的收缩最为严重。此外修复层与基体交界两端存在极高的拉应力，是易导致裂纹或涂层剥落的危险部位。

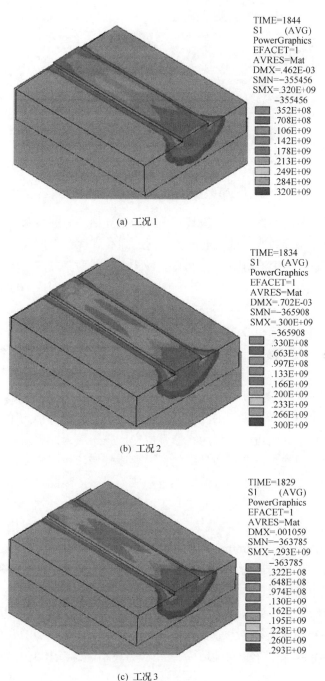

(a) 工况 1

(b) 工况 2

(c) 工况 3

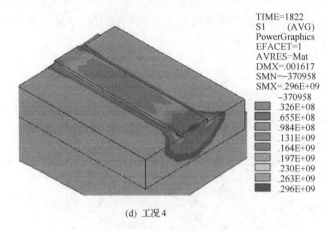

TIME=1822
S1　　　(AVG)
PowerGraphics
EFACET=1
AVRES=Mat
DMX=.001617
SMN=-370958
SMX=.296E+09
-370958
.326E+08
.655E+08
.984E+08
.131E+09
.164E+09
.197E+09
.230E+09
.263E+09
.296E+09

(d) 工况 4

图 7-16　试样残余拉应力的分布

　　在掌握残余拉应力宏观分布的基础上，为更详细地掌握残余拉应力的分布情况，需对试样上残余拉应力的分布和大小进行量化，因此选取典型的路径对其残余拉应力分布进行研究。由图 7-16 可知，应力变化最为剧烈的区域集中在修复层及其附近区域，因此选取如图 7-9 所示的路径 1～路径 4，对应力的分布情况进行定量讨论。

　　路径 1 为激光扫描中心线，其残余拉应力分布如图 7-17(a) 所示。工况 1～工况 4 在该路径的残余应力分布较为相似：在路径 1 起始端的应力较低，约为 150MPa；随着向路径 1 的中部靠近，应力值逐渐升高，且中部的应力变化比较平稳；在路径 1 的结束端应力值突然升高。路径 1 中部工况 1 的应力值最低，平均值约为 182MPa，这是由于激光修复完成之后，修复层中存在较高的应力值，在随后的激光二次扫描过程中，光斑的热作用在修复层中产生压应力，逐渐降低了修复层中的残余拉应力。激光二次扫描中功率较低，速度较慢，相比修复过程中的急速升温与冷却过程，二次扫描中的升温降温过程较为平缓，因此二次扫描过程并未导致修复层产生大的拉应力值。工况 2 与工况 3 的应力变化基本一致，平均应力值约为 200MPa。工况 4 的应力值最大，平均值约为 225MPa，这是由于工况 4 中的二次扫描速度较快为 300mm/min，因此相对工况 1～工况 3 其温度变化速率较快，这易导致较大的残余拉应力。综合以上分析，可推断随着扫描速度的升高，修复层扫描中心线中部的残余拉应力值变大。

　　路径 2 为修复层与基体交界线，其残余拉应力分布如图 7-17(b) 所示。工况 1～工况 4 在该路径的残余拉应力分布几乎一致：在路径 2 起始端的残余拉应力值较高，约为 255MPa；在路径 2 中部的残余拉应力较小，约为 180～200MPa；在路径

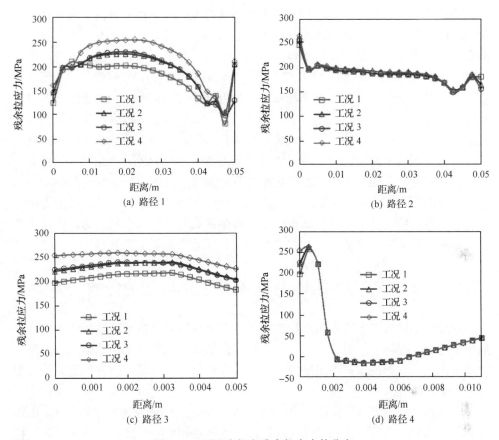

图 7-17   不同路径上残余拉应力的分布

2 结束端应力有一定波动，出现先升高后降低的趋势，最终稳定在 160MPa。由此可知二次扫描过程中的速度变化对修复层与基体交界线上的路径分布并无太大影响。

　　路径 3 上残余拉应力的分布代表了修复层横向的应力分布情况。由图 7-17(c)可得，修复层横向的应力分布整体较为平均，在修复层中心处的应力值较大，随着向修复层边缘靠近，应力小幅降低。工况 1 在修复层横向的残余拉应力最小，平均为 207MPa；工况 2 与工况 3 的平均应力值几乎一样，约为 230MPa；工况 4 的应力值最大，约为 252MPa。由路径 3 上的应力分布可得，激光二次扫描速度对修复层的横向残余拉应力有较明显的影响，随着扫描速度的升高，修复层的横向残余应力变大。

路径 4 为修复层至基体路径，可综合反映修复试样在深度方向上的残余应力分布。由图 7-17(d)可知，工况 1～工况 4 在该路径的应力分布几乎一致，修复层残余应力的变化较为剧烈，而基体中下部的残余应力很小且几乎没有变化。距离为 0～1mm 为修复层区间，修复层表层的平均残余应力为 230MPa，应力随深度增加而提高，在修复层底层的平均残余应力升高至 250MPa；在修复层下面 1～2mm 区间内，修复层应力急剧下降，在距离为 2mm 位置，残余拉应力降为零；在距离为 2～6mm 区间内，平均残余拉应力值为零；随着深度的继续增加，残余拉应力呈现缓慢上升的趋势，在基体底层应力值约为 40MPa。由路径 4 的残余拉应力分布可知，激光二次扫描速度对深度方向的残余拉应力分布影响很小。

通过对不同扫描速度下激光二次扫描过程中的瞬时热应力和残余拉应力分布可知，二次扫描速度的降低有助于减小瞬时热应力和试样残余拉应力，但作用并不显著且扫描速度的降低会延长加工时间，这反而降低了工艺效率。

7.5　二次扫描速度对石墨及环境相的影响

通过对不同速度下激光二次扫描过程的数值模拟，分析了速度对激光二次扫描环节的温度循环、瞬时热应力、残余拉应力的影响机制。在此基础上，为进一步研究激光二次扫描过程中速度的影响，需要对该工艺下试样的微观组织、石墨形态等进行研究。

图 7-18 展示了不同扫描速度的激光二次扫描工艺的修复区树枝晶组织。由树枝晶形态可知，随着二次扫描速度的降低，激光热作用的强度和时间均增长，树枝晶组织获得二次发育的时间更为充裕，因此树枝晶形态更为粗大。图 7-18(a)为二次扫描速度最慢时工况 1 的修复区组织，与工况 2～工况 4 相比，其树枝晶主干更为粗大，二次枝晶发育充分，部分出现了三次枝晶，并有少量转变为粗大

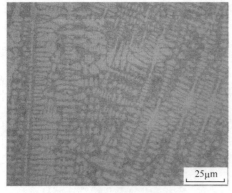

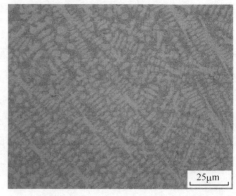

(a) 工况 1　　　　　　　　　　　　　　　　　　　(b) 工况 2

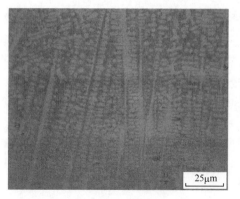
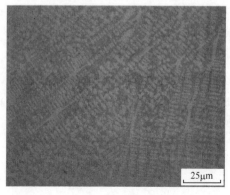

(c) 工况 3　　　　　　　　　　　　　(d) 工况 4

图 7-18　修复区微观组织

的胞状树枝晶组织。与工况 1 相比，工况 2～工况 4 中激光二次扫描环节的热作用相对较弱，因此树枝晶较为细小致密。

工况 1～工况 4 结合区的微观组织如图 7-19 所示。比较各图中的石墨形态可

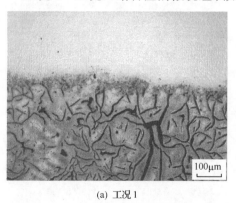
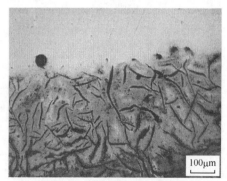

(a) 工况 1　　　　　　　　　　　　　(b) 工况 2

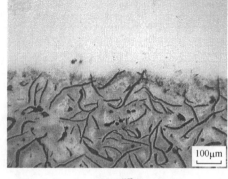
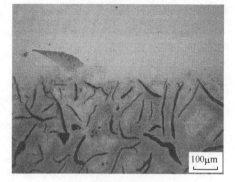

(c) 工况 3　　　　　　　　　　　　　(d) 工况 4

图 7-19　结合区的微观组织

知，工况 1 中的石墨最为细化，但是由于不同速度下激光二次扫描的热作用相差不大，因此工况 1~工况 4 中的石墨形态并无明显差别。通过对不同速度下的激光二次扫描过程的实验研究可得，随着二次扫描速度的降低，修复层枝晶组织的形态更为粗大，这在一定程度上削弱了激光修复过程中快速升温和降温的优势。由于二次扫描过程中热作用的强度和时间较小，因此对结合区的石墨形态并无明显的影响。

第8章 激光热修复的局部自预热策略研究

激光热修复技术在能够有效地处理灰铸铁表面缺陷方面，具有其独特的技术优势，但研究中也发现在完成修复任务的同时产生了影响热修复性能的不利因素，如熔合层的脆硬组织、石墨的不合理形态，以及瞬时残余应力的不均匀分布和局部热应力集中等，都阻碍了热修复质量的进一步提高。通过修复实验中对加工参数进行优化调整，降低了修复区开裂倾向和硬度分布，但各参数间的关系复杂，其优化效果和通用性有限，所以在修复过程参数优化的基础上，考虑从外部辅助手段出发寻求更为高效可行的方法及工艺。

8.1 激光局部自预热策略的提出

大量的激光熔覆研究表明，基体的预热有助于优化残余应力分布和抑制修复层的裂纹缺陷[26,28,153-155]，目前常用的预热措施为加热炉内预热，这种预热方式简单易操作，但耗能、耗时大，工作环境不友好[156]，尤其是受加热炉容积的限制，要求工件尺寸不能过大且形状规则，而一般铸件类零部件体积庞大，在不破坏结构的条件下无法顺利实现炉内预热。目前也有采用同步移动的热感应线圈进行预热[153]，它是一定程度上的局部动态预热，取得了较好的预热效果，然而该预热方式对加工表面的平整度有要求，同时须配备电感加热设备和改造激光加工系统，也不利于预热的快速进行。因此，考虑利用激光器灵活可控的特点，提出激光局部自预热策略[157]，无须改装现有设备，对工件外形没有限制，工艺柔性、可控，为完善激光热修复工艺体系、提高修复质量提供理论支持和灵活高效的技术手段。

8.1.1 预热策略及模型

根据激光热修复过程的模拟，以预热方法及影响作为研究重点，将多层热修复模型简化为平面单层熔凝模型，提高计算效率且结果对比更为直观。如图 8-1 所示为激光局部自预热-熔凝示意图，激光 1 为预热用激光，采用较小激光功率，激光 2 为熔凝用激光，采用较大激光功率，两次扫描时间间隔为 Δt。图 8-1 中同时给出了计算结果的提取位置，瞬态热响应结果取自上表面 A 点，稳态热响应结果则分别沿 X 路径、Y 路径和 Z 路径进行提取。

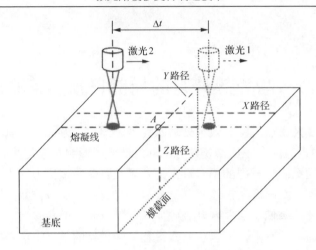

图 8-1　激光局部自预热-熔凝示意图

8.1.2　预热工艺参数

各项参数中，两束激光的间距 d 决定了基体表面材料的初次冷却时间，预热激光功率 P_0 则直接关系到材料的初次温升状况，因此作为主要变量参数，熔凝功率 P 取定值，两激光取相同的扫描速度 v 和光斑半径 r，参数组合如表 8-1 所示。

表 8-1　激光局部自预热工艺参数

参数方案	$\Delta t/s$	P_0/W	P/W	$v/(mm/min)$	r/mm
工况 1	0	0			
工况 2	7	250			
工况 3	7	500	2400	480	1.9
工况 4	14	250			
工况 5	14	500			

8.2　激光局部自预热数值模拟

根据已建立的激光热修复有限元模型，对热源载荷施加方式进行修正，利用载荷表方式实现两束激光的同时移动，求解模型得到其热响应特征。

8.2.1　热响应温度场分析

在双激光熔凝过程的温度场计算结果中取三个较典型的工况 1，工况 2 和工况 5 的计算结果进行定性对比分析，如图 8-2 所示。可以看到工况 2 和工况 5 截面上各温度区域较工况 1 均有所扩大，其中，熔池区变化不明显，但热影响区则显著扩大；工况 2 的 Δt 较工况 5 小，材料的冷却时间有限，因此预热效果较明显，其熔凝区及热影响区最大。

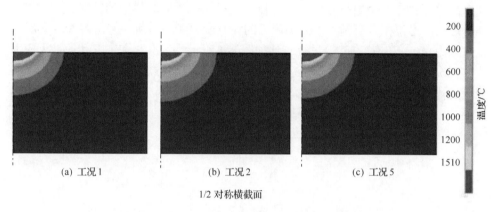

(a) 工况 1　　　　　　(b) 工况 2　　　　　　(c) 工况 5

1/2 对称横截面

图 8-2　工况 1，工况 2 和工况 5 熔凝过程的温度场

如图 8-3 所示为预热条件下的热循环温度曲线及其变化率曲线。由于预热参数不同，预热阶段随时间变化的温度及其变化率差异明显，而正式加工时的变化规律相差不大，工况 3 和工况 5 的温度极值分别高于工况 1 约 7.1% 和 6.9%，这一规律与 Alimardani 和 Fallah[28] 激光熔覆中的相关研究结果基本一致；由图 8-3(b)可知发生熔凝时的温度变化率基本没有变化，因此整体来看，预热方式造成的温度差别不明显，仅在预热阶段有所体现，这主要是因为极高能量的快速移动比基体内部热扩散的影响更大。

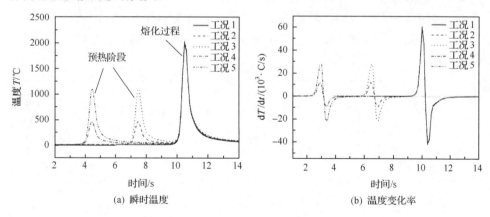

(a) 瞬时温度　　　　　　　　　　(b) 温度变化率

图 8-3　热循环时程曲线

8.2.2　热响应应力场分析

热响应应力场方面，预热光斑移动使得表面由热膨胀的压应力转变为冷却收

缩的拉应力，集中于预热轨迹上，后续的加工又重复了这一过程，即材料的应力转变历程为压-拉-压-拉，每次转变都在消除上一次应力状态的基础上进行，因此在熔池前方存在一个由拉到压的应力释放过程，伴随应力集中的转移，原本在熔池附近的应力集中有所消除，熔池附近的瞬时应力状态有所改善。对 5 种工况的最大应力 (σ_{max}) 和应变 (ε_{max}) 进行统计如图 8-4 所示，工况 2 和工况 4 的最大应力值较工况 1 提高了 8.5%，工况 3 和工况 5 则降低了约 5.2%，而这两种情况下的应变规律也不相同，工况 3 减小了最大热应变，因此通过比较可知工况 3 的预热熔凝参数较为合理，能有效控制基体材料的最大应力应变，降低开裂倾向。

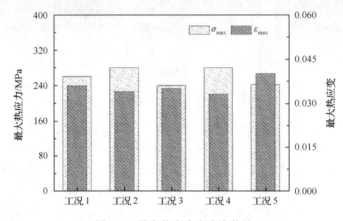

图 8-4　最大热应力和应变统计

　　瞬时热应力表征了材料在熔凝过程中受到的拉压方向和大小的转变，而加工后基体内的残余应力状态同样是重要的指标，直接影响其性能，因此在不同工况下基体充分的自然冷却之后，提取其残余热应力各向分量的分布曲线如图 8-5～图 8-7 所示。

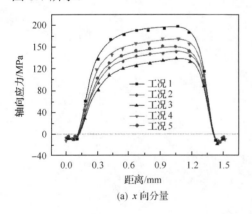

(a) x 向分量

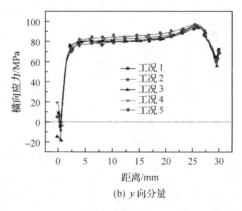

(b) y 向分量

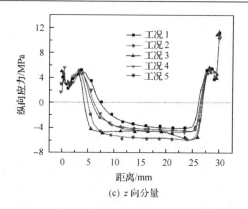

(c) z 向分量

图 8-5　X 路径上的残余热应力分布

由图 8-5 可知,基体上熔凝起始和结束两端的残余应力值较低,在 x 向受压而在 y、z 向受拉,对参数变化不敏感。较高的拉应力水平分布在基体的中间部分,x 向的拉应力最高,参数影响也最大,工况 1 在无预热工况下的最大拉应力可达 190MPa,通过加入局部自预热,残余拉应力水平大幅降低,由高到低分别为工况 4、工况 2、工况 5 和工况 3。工况 5 和工况 3 均采用较高的 500W 功率,因此预热功率的影响要大于间距,而工况 3 采用小时间间隔($\Delta t=10\mathrm{mm}$)也是较为有利的;从 y 向分量来看,整体也以受拉为主,但预热参数基本没有影响。

由激光熔凝轨迹附近的纵向残余应力分析可知,采用激光局部自预热降低了基体在该方向上的拉应力分布,同时提高了压应力水平,而在图 8-6、图 8-7 中截面的 Y、Z 路径上的残余应力分布规律有所不同,各方向上靠近表面 2mm 的距离左右都存在一个拉应力峰值,预热参数对 x 向的拉应力几乎没有影响,但图 8-7(b)的 Z 路径上的 x 向压应力以工况 3 和工况 5 最大,较工况 1 提高了约 30MPa;对 y 向分量的影响主要是降低了拉应力峰值,工况 3 较工况 1 的基体表层和内部 y 向受拉均降低约 18~20MPa。

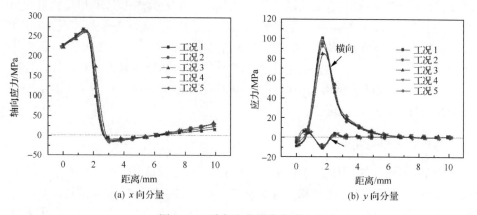

(a) x 向分量　　　　　　　　　(b) y 向分量

图 8-6　Y 路径上的残余热应力分布

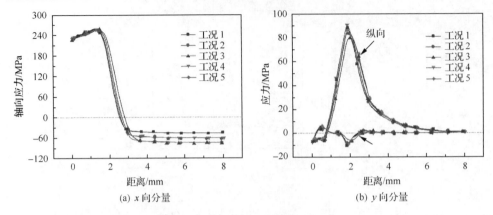

图 8-7　Z 路径上的残余热应力分布

分析其影响机制主要为：局部较低功率的预热使材料在相变温度以下产生了预膨胀，此时已经产生一定的热应力分布，这相当于为后续的熔凝加工提供了热膨胀及收缩的应力释放途径，因而在正式加工时避免了应力突变；此外，局部自预热的热影响区形状与激光熔凝加工时类似，预热使各区域温差均有所下降且幅度相近，减小了材料由温差产生的热变形。因此，综合基体各方向的应力状态，采用激光局部自预热工艺可以有效降低基体的热拉应力水平，有助于得到较好的应力分布状态，预热参数中采用较高的预热功率和较小的间隔时间可以获得良好的加工效果。

8.3　激光局部自预热修复实验

通过模拟研究可知，激光局部自预热方法的提出在理论上取得了较有意义的结果，为进一步明确预热机制和效果，分别对采用无预热、整体预热和激光局部自预热操作的激光热修复进行实验研究。由表 8-1 中无预热工况 1 和局部自预热工况 3 的参数组合，初始温度均为室温 20℃，整体预热的工况参数与工况 1 相同，在加工前置于加热炉内预热到 400℃；实验基体材料仍为灰铸铁 HT250，选定热修复填充粉末为 Fe313。将热修复完成的基体用线切割制备成为金相试样，打磨抛光后，在 4%的硝酸酒精溶液中腐蚀 3～4s，纯酒精冲洗后吹干，置于 MBA-1000 型光学显微镜下观察显微组织。

8.3.1　修复区组织形貌

如图 8-8 所示为无预热条件下的热修复试样截面组织形貌，图(a)为整体形貌，图(b)和图(c)分别为熔合区和修复区中部的高倍显微组织，结合热修复实验，可以看到热影响区的深度较小，最大约为 450μm，且熔合区分层界限明显，由于熔质对流时间极短，扩散和渗透不完全，因此稀释率较低，这也造成了熔合区存在局部成分偏析；由图 8-8 (b)可知由于过冷度和温度梯度大，熔层内非自发成核迅速，晶体生长时间短暂，因此形成的柱晶方向性不强、组织细小，平均柱晶直径约为 9.6μm；图 8-8(c)中熔合区组织主要由底部的片状珠光体+针状铁素体、中部的块状渗碳体和上部的层片状马氏体+少量二次棒状渗碳体组成，另外，熔质迅速过冷到 Fe-Fe$_3$C 共晶温度以下开始转变，渗碳体与少量奥氏体、马氏体形成共晶，这些硬质相配合细晶强化，形成了较高的修复区硬度。

(a) 全貌×50

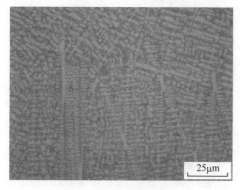

(b) 熔合区×500

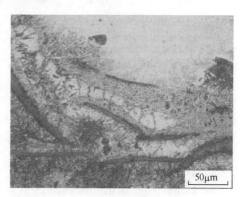

(c) 修复区×1000

图 8-8　无预热基体组织

如图 8-9 所示为整体预热至 400℃条件下试样的截面组织形貌，与图 8-8 相比可见热影响区的最大深度增至约 580μm，且熔合区也有所扩大，由于整体预热使试样初温由室温 20℃提高至 400℃，因此在保持激光比能量不变的情况下，热输入增多导致了熔池及热影响区等的扩大，如图 8-9(a)所示。同时材料可以在更短的时间内达到熔点，熔质的对流、扩散和渗透更为充分，这使成分更为均匀并减少了局部偏析；基体初温的提高也降低了过冷度和温度梯度，熔池内形核率随之降低，使晶体生长充分、方向性更强，图 8-9(b)中平均柱晶的直径约为 13.5μm；由于冷速下降、过冷度降低，图 8-9(c)修复区组织中的渗碳体、马氏体及贝氏体组织比例减小，并且由于过冷度较小，熔质过冷到高于 Fe-Fe$_3$C 和低于 Fe-C 的共晶温度时开始转变，部分石墨与奥氏体、马氏体形成共晶的灰口组织取代了白口组织，有助于减少微裂纹，显微硬度也会有所降低；石墨相同样在该区域富集，但明显以粗大石墨片为主，且分支较多，这是由于液相中石墨的析出充分、生长迅速，这不利于保持组织的完整性。

(a) 全貌×50

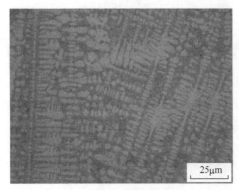

(b) 熔合区×500

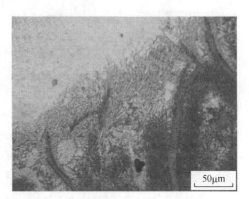

(c) 修复区×1000

图 8-9　预热至 400℃的基体组织

　　激光局部自预热处理过的热修复基体的组织形貌如图 8-10 所示，根据图 8-3 温度场的计算结果，工况 3 预热时最高温度达到 1100℃，因热源相同，预热时温度场的规律与修复时类似，造成的影响区域极小，且开始修复前已降低至 220℃，因此其热影响区深度介于无预热和整体预热之间，最大约为 530μm。根据 Fe-C 平衡相图，局部自预热使得温度升高至材料的共析点以上、共晶点以下，并由图 8-3 可知持续时间约为 0.7s，因此表层组织此时已发生共析相变，铸铁材料中的原生渗碳体被分解，铁素体成分增大，此时再进行热修复加工，熔质成分的相似度较高，因此对流和扩散充分，进一步减少了局部偏析，由于激光热输入的方向性，图 8-10(a)中基体的深度方向受影响更为明显。与图 8-9 类似，局部预热也降低了凝固时的过冷度，修复区内柱晶较图 8-8(b)粗大，图 8-10(b)中的平均直径约为11.8μm；图 8-10(c)修复区组织中的渗碳体等脆硬组织较整体预热情况下进一步减少，而铁素体组织增多，因此显微硬度也随之降低；石墨相的分布比图 8-9(c)中更为均匀，且基本没有粗大的石墨片存在。

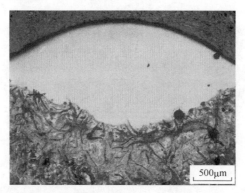

(a) 全貌×50

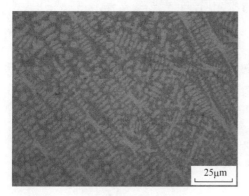

(b) 熔合区×500

(c) 修复区×1000

图 8-10　激光局部自预热的基体组织

8.3.2　修复区硬度分布

对不同预热条件下激光修复区的显微硬度进行测量，显微硬度测量沿修复区的最大熔深方向由表及里进行测定，其硬度分布如图 8-11 所示，可见与显微组织分析中的推测基本一致，经预热处理，修复区的硬度整体有所下降，其中无预热的修复区晶体组织细小、硬质相较多，试样各测试点硬度最高，经整体预热处理过的修复区组织最为粗大、硬质相最少，因此硬度最低，采用激光局部自预热的修复区组织特性介于两者之间，决定了其硬度分布较无预热处理的试样略有降低，但高于整体预热试样。

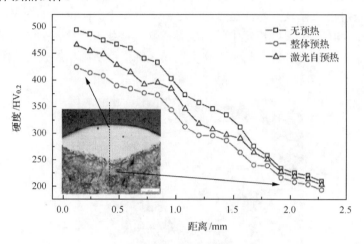

图 8-11　修复区的硬度分布

　　通过以上分析可知，预热处理可以减少成分偏析，使热修复基体的熔合区组织均匀，能有效控制脆硬相的形成，采用激光局部自预热较整体预热效果更为明显，石墨形态和分布趋于合理，因而提高了修复区的抗裂能力；但由于过冷度降低，修复区的柱晶组织较粗大，再加上脆硬组织有所减少，其显微硬度会因此降低，这在一定程度上可以提高材料的韧性机能和加工性能，且硬度水平仍高于HT250 基体，保证了整体硬度水平。综合模拟研究结果，认为采用较小的时间间隔和较大的预热功率是理想的预热参数组合。因此，激光局部自预热方案可行高效，预热效果优于常用的炉内预热和电感预热，其方法和工艺的提出，为提高灰铸铁表面的激光热修复质量提供了灵活可靠的技术手段。

第9章　结合强度剪切测量力学特征研究

研究激光修复层的结合强度对于评价修复层结合状态具有非常重要的意义，结合强度的大小可以直观地反映结合状态的优劣。因此可根据激光修复层的特性确定适合的结合强度测试方法，基于静力学分析理论，建立结合强度测试方法的有限元模型，对测试方法进行力学分析，并对测试模型进行结构优化。

9.1　结合强度测量方法的比较与选定

在表面工程领域，测量表面覆材与基体的结合强度的方法有多种，且各有其特点，因此对常用的结合强度测量方法进行分析对比，根据激光修复层的特点确定适合修复层的结合强度测量方法。

9.1.1　不同结合强度测量方法对激光修复层的适用性

对于现存的多种涂层结合强度的测量方法，大多基于两种不同的表现形式，即力的表现形式和能量的表现形式，对于前者需要测得涂层从基体上分离时单位面积上施加的作用力，而后者则需要测量涂层从基体上分离时单位面积上作用的功[158]。对于涂层结合强度的能量表现形式来说，力的表现形式更加直观且实验测定过程简单，力的表征参数易测量，因此激光修复层结合强度可从力的表现形式方面入手研究。

对于涂层结合强度的具体测试方法又分为两种，即定性测量法和定量测量法。目前常用的结合强度测试方法主要有拉伸法、拉拔或压拔法、弯曲法(三点或四点弯曲法)、刮剥法、划痕法及剪切法，这些方法对于某些特定的表面涂层已有比较完善和成熟的理论体系，但是对于激光修复层都有一定的局限性，需要在此基础上做进一步的改进，使测量方法能很好地反映激光修复层结合强度的大小。

拉伸法分为两种，分别为横向拉伸法和垂直拉伸法，对于垂直拉伸法来说，其主要应用的关键在于黏结剂的黏结力，若黏结剂的黏结力小于涂层的结合强度，则此方法不适用。对于激光修复层这样的冶金结合涂层，其结合强度较一般的物理结合涂层要大得多。横向拉伸法的主要作用力并不一定位于涂层与基体之间，导致测量值与真实值之间有一定的差异。对于激光修复层来说，拉伸法并不合适。

拉拔法和压拔法经常用来测试涂层的结合强度，原理如图 9-1 所示，其结合强度表征明确，但是需要制作特定的修复试样，对于普通试样不适用。三点和四点弯曲法及悬臂梁弯曲法适合用于厚度比较大的脆性涂层[101]，且需要相应的检测手段确定涂层与基体之间产生裂纹的时间，不易操作，不适用于激光修复层的结合强度检测。划痕法与压痕法的力学分析过程复杂，难以建立临界载荷与涂层结合强度之间的关系，且也需要检测裂纹的产生时间[102,159]，不适用于厚度在 7μm以上的硬质涂层，实验所得的激光修复层厚度约为 1mm，且涂层组织为均匀分布的树枝晶组织，硬度很高，几乎无韧性，因此划痕法与压痕法对于激光修复层来说都不适用。

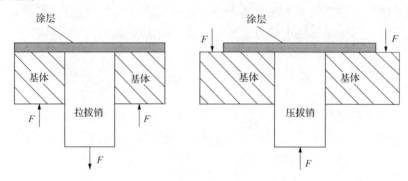

图 9-1   拉拔法和压拔法示意图

9.1.2   结合强度剪切测量方法的选定与描述

根据以上的分析，对涂层结合强度的测试方法需要满足以下几个基本要求：首先要使涂层从基体上剥落且要有精确直观的物理模型；其次能够准确得到结合强度的表征参数，最大限度地减少其他因素对表征参数的影响[80]；最后考虑自身的研究条件，尽量在现有的设备上完成实验研究。

剪切法是一种常用于测试厚涂层与基体之间结合强度的实验方法，它主要是利用涂层与基体结合界面的剪切力使涂层从基体上剥落，测得单位面积上剪切力的大小来表征涂层的结合强度。这种实验模型简单直观，可以保证剪切力最大限度地施加在激光修复层与灰铸铁基体之间的结合面上，且对于剪切力的换算容易，只要合理地设计剪切实验的装置就可以尽量减少其他因素的影响，其只需要在万能试验机上施加压力载荷，通过相应的转化完成结合强度测试，符合现有的研究条件，相对于其他涂层的测量方法特别适合激光修复层结合强度的测试。

涂层结合强度的剪切测量方法有相关的国家标准。GB/T13222-91 所规定的剪切结合强度测试装置，对于激光熔覆实验试样的外形特征来说，此装置不合适。另一种覆材结合强度的剪切测试的国家标准即 GB/T6939-2008，其规定的覆材与基体的厚度大于 10mm 时此方法合适，当将激光修复试样应用于此方法时，其物理模型的示意图如图 9-2 所示。

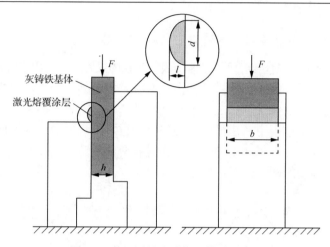

图 9-2　剪切测量方法物理模型示意图

　　由剪切测量方法的物理模型示意图可知(图 9-2)，模型主要是由固定的、高低不同的两个剪切台和激光修复试样组成。其工作原理是将激光修复试样按图示的位置放到高低不同的两个固定剪切台之间，激光修复层的一端与低剪切台顶端接触，而没有激光修复层的一面与高剪切台的一侧相接触，高低剪切台之间的距离正好等于激光熔覆基体的高度。在激光修复试样基体的顶端施加压力 F，推动激光修复试样向下运动，低剪切台的顶端就会给修复层施加一个向上的作用力，在此二力的作用下，使结合面上产生剪切作用力，高剪切台只起到支撑试样的作用。但剪切力超过激光修复层结合区组织的抗剪强度时，激光修复层与灰铸铁基体之间就会产生裂纹，并进一步扩展使修复层从基体上脱落。测得试样顶部的压力 F，可求得熔层与灰铸铁基体之间的平均剪切结合强度为

$$\tau = \frac{F}{A} \tag{9-1}$$

式中，F 为试样顶端的压力载荷(N)；A 为激光熔层与灰铸铁基体的结合面面积(m^2)，$A=bd$(图 9-2)；τ 为平均剪切结合强度(Pa)。

9.2　结合强度剪切测量方法的力学模型

　　有限单元法是目前工程领域应用比较广泛的模拟方法，其实用性比较强。本节利用 ANSYS 作为模拟研究平台，基于静力学分析的相关理论，通过对 GB/T6396-2008 中剪切测量方法的研究，建立激光修复层结合强度剪切测量方法的三维有限元模型，对剪切测量方法进行力学分析，得到剪切测量模型的应力场，研究模型的应力分布情况。

9.2.1 剪切测量方法力学模型的建立

建立合理的激光修复层结合强度的剪切测量方法的数值模型，根据 GB/T6396-2008 中规定的剪切测量方法的物理模型和激光修复试样的外形特点，建立几何模型；根据激光修复层及灰铸铁基体的相关特性，选择合适的单元类型，设置相应的材料属性；根据计算过程中，模型的主要研究部位，合理的划分模型的网格；根据剪切测量方法的实际约束和受力情况，设置相应的约束、施加对应的载荷，进行模拟求解。其模型的建立过程如图 9-3 所示。

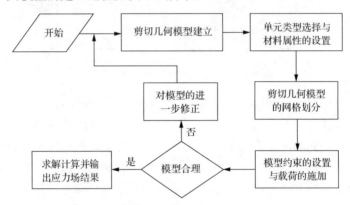

图 9-3　剪切测试方法数值模型建立的流程图

1. 几何模型的建立

通过激光熔覆实验试样的截面如图 9-4 所示，可知激光修复层的大体外形。灰铸铁基体的主要外形参数有基体的长、宽、高，激光修复层的主要外形参数是涂层弧高、宽度和长度，可以通过对激光修复试样测量获得。Davim 等[160]通过多线性回归分析，研究了不同的激光熔覆参数对激光修复层外形的影响，得出激光修复层高度以及热影响区深度的线性回归方程，并得出激光修复层的外形为抛物线形。结合激光修复试样的外形尺寸，在建立几何模型时，对于灰铸铁基体直接建立长方体模型，激光修复层的外形建成抛物线形。需要求得其参数曲线函数，则首先建立修复层的二维坐标图，如图 9-4 所示。

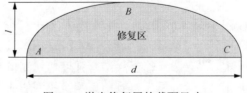

图 9-4　激光修复层的截面尺寸

图 9-4 中测得三个代表性的点 A、B、C 的坐标分别为 $(0,0)$、$(d/2,1)$、$(d,0)$，则激光修复层的表达式为

$$y = -\frac{4l}{d^2}x^2 + \frac{4l}{d}x \tag{9-2}$$

由于激光修复层与灰铸铁基体的材料不相同，则在建立几何模型时，涂层和基体采用分块建模的方法，先建立长方体的基体模型，再根据修复层的曲线表达式通过循环命令建立抛物线形的涂层模型。

2. 单元类型的选择与材料属性的设定

对于激光修复层结合强度的剪切测量方法进行数值模拟，拟采用结构静力分析的方法，以避免出现计算过程中像接触分析这样的高度非线性问题，从而保证模拟计算过程的准确性。对于三维的结构静力分析，采用 8 节点的四面体单元 soild185。模拟计算过程中研究模型在外加力的作用下模型的应力场，不分析激光修复层从基体上的脱落过程，只关心激光修复层受剪切破坏之前的应力分布状况，因此，只对其线弹性阶段进行模拟分析。

3. 几何模型网格的划分

对于激光修复层的结合强度剪切测量方法几何模型的网格划分，要充分考虑到剪切测量方法的特点，对于应力分析的重点区域，即激光修复层与灰铸铁基体的结合区域，网格的划分比较细密，而其他的非重点应力研究区域，，即远离激光修复层结合区的基体区域，网格划分比较疏松，以减少模型的计算量，提高模型的计算精度，模型的网格划分如图 9-5 所示。

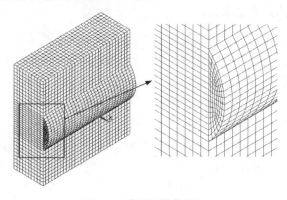

图 9-5　模型网格的划分

4. 模型约束的设置和载荷的施加

对激光修复层结合强度的剪切测量方法进行研究，如图 9-2 所示，主要是两个固定的、高低不同的剪切台，其距离是激光修复试样基体的高度，以限制激光修复试样在水平面内的横向位移，低剪切台的顶部与激光熔层的一端接触，以约束其在竖直平面内的纵向位移，在激光修复试样的顶端施加压力 F，通过装置的力转化作用，产生主要作用于激光修复层结合区的剪切应力。对于有限元模型进行静力分析前，约束无修复层侧面的节点在 X 方向上的位移，约束修复层与低剪切台接触的一端的节点在 Y 方向上的位移，在试样的顶端施加压力 F，如图 9-6 所示。

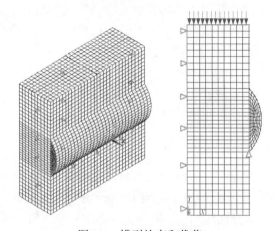

图 9-6　模型约束和载荷

9.2.2　力学模型的计算结果分析

按上述步骤对激光修复层结合强度的剪切测量方法进行设置，在模型的顶端施加 2100N 的压力，即在顶端均匀施加 $P = 7\text{MPa}$ 的压强载荷求解，得出计算结果，其剪切应力和法向拉应力的云图如图 9-7 所示。

由应力云图分布可知在激光修复层与灰铸铁基体之间的结合面上是应力的主要分布区域，但应力分布复杂。结合面上主要分布着剪切应力，但也有法向拉应力的存在，说明进行激光修复层结合强度剪切测量时，涂层结合区不完全处于剪切状态，而是有一定的法向拉应力存在，这是由剪切模型中力的偏心施加而有力矩的存在导致的。

在激光修复层结合强度剪切测量方法的作用下，激光修复层结合区剪切应力分布不均，在修复层结合区左右两侧的位置有明显的应力集中存在，对修复层的破坏有促进作用，影响剪切应力表征参数的准确性，而且不均匀法向拉应力的存在也对修复层的剪切破坏起到一定的作用，因此对于剪切应力这个表征参数有一定的影响。

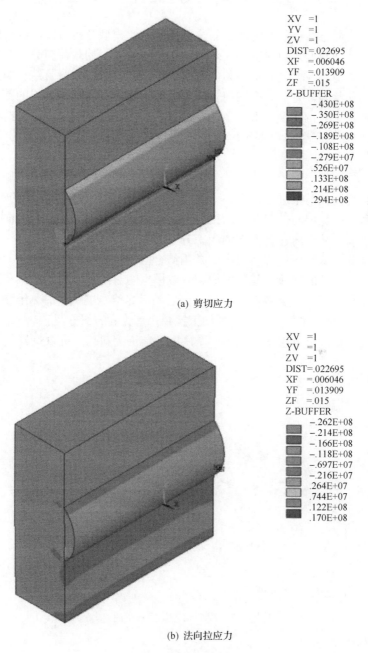

(a) 剪切应力

(b) 法向拉应力

图 9-7　模型的应力分布

9.3　剪切测量方法的模型优化

对激光修复层结合强度的剪切测量方法的原始模型分析可知，载荷应力主要分布于结合区面附近，但在灰铸铁基体上也分布着较大的载荷应力，在重点研究的结合面上，剪切应力分布不均匀，有明显的应力集中存在，且结合面并不是完全处于纯剪切状态，有一定的法向拉应力存在，这对于激光修复层的剪切破坏有一定的影响，进而影响模型表征参数的准确性。因此需要对该模型的结构做进一步的修正，以尽量减小结合区面上法向拉应力的数值，除去剪切力的应力集中现象。

9.3.1　力学模型结构的改进

对原剪切测试模型进行分析，其结构如图 9-2 所示。激光修复层的特殊外形，使在剪切测量时涂层与低剪切台的接触为线接触，这容易导致结合区面上的剪切应力集中，而且结合面在 Y 方向的应力分布不均匀，适量地减小涂层在 Y 方向上的尺寸也会降低剪切力的应力集中，减小结合面上法向拉应力的数值。对模型的外部结构做进一步的修改，其原模型和修改模型的对比图如图 9-8 所示。

图 9-8 展示了模型结构在进行处理前后的激光修复层试样的二维和三维对比图，将激光修复层在 Y 方向通过铣削加工铣掉尺寸为 a 的部分，其中 $0<a<10\text{mm}$。激光铣削加工后，修复层就能铣出一个底面，能够为剪切刃提供良好的接触。

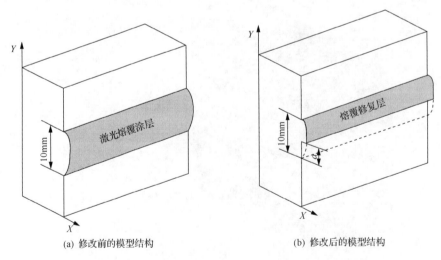

(a) 修改前的模型结构　　　　　　　　　(b) 修改后的模型结构

图 9-8　模型修正前后示意图

9.3.2　力学模型的改进及模拟计算

按照对剪切测量方法试样结构的修改，对有限元模型做对应的修改。按照模型结构改进的方法，对原有限元模型主要改进三个方面。首先是对模型结构改进以保证与铣削加工后的激光修复层试样一致，在垂直于激光扫描方向（Y 向）上铣削除去尺寸为 a 的部分修复层，a 的范围为 0～10mm，为研究 a 的取值对结合区面的应力分布改善状况，取 a 为 2.5mm、5mm、7.5mm 三个数值，建立有限元结构模型。其次是约束方面，原剪切模型中，激光修复层与低剪切台的接触为线接触，只有涂层抛物线形外形的一边与低剪切台接触并传递力的作用，改进后为激光修复层，铣削加工后出现的铣削面与低剪切台为面接触，如图 9-8 所示，则在约束设置时，将原来的线约束改为面约束。最后是载荷的施加，为了与原模型作相应的对比，改进后的模型应施加合适大小的载荷，按剪切计算方法的如式（9-1），在原计算模型的顶端施加 2100N 的均布载荷力，此时结合区面的大小为 30mm×10mm，结合区面上的平均剪切应力为 7MPa，当试样经铣削加工后，结合区面的大小发生了变化，为保证结合区面的平均剪切应力为 7MPa 左右，以保证两者的对比性，则 a 的不同取值对应的结合区面的大小及模型顶端施加的均布力载荷如表 9-1 所示。

表 9-1　作用力分布表

a/mm	0	2.5	5	7.5
结合区面积/(mm×mm)	30×10	30×7.5	30×5	30×2.5
顶端作用力/N	2100	1575	1050	525

9.3.3　优化模型的应力分析

　　按照上述三步修改计算模型再求解，得到计算结果。其计算的剪切应力和法向拉应力分布云图如图 9-9 所示。

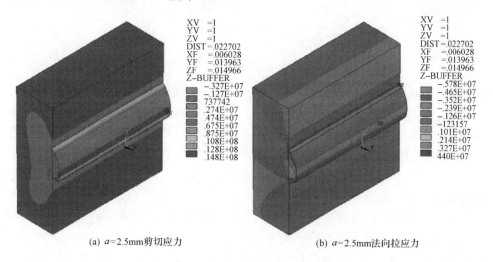

(a) a=2.5mm剪切应力　　　　　　　　(b) a=2.5mm法向拉应力

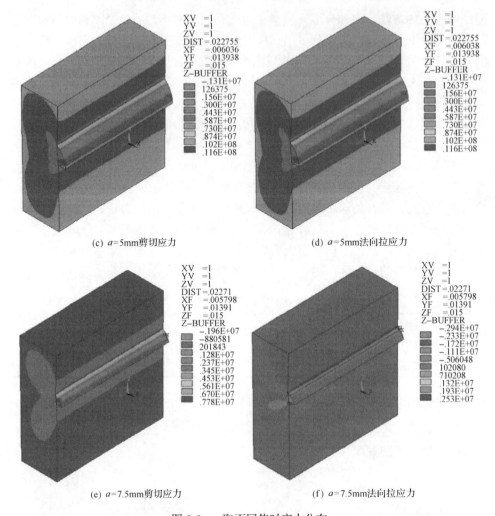

(c) a=5mm剪切应力　　　　　(d) a=5mm法向拉应力

(e) a=7.5mm剪切应力　　　　　(f) a=7.5mm法向拉应力

图 9-9　a 取不同值时应力分布

由图 9-9 中 a 取 2.5mm、5mm、7.5mm 时模型的应力分布云图可知，载荷应力相对于模型未改进前更加密集地分布于结合区面附近，在远离结合区面的基体部分应力非常小。剪切应力的密集分布区都是结合区面附近区域，且结合区面上也会有法向拉应力的存在，应力的分布状况复杂。随着 a 取值的不同，即结合区面的面积不同，结合区面上剪切应力和法向拉应力的极值不同，其具体的应力分布需要在结合区面上进一步取样分析。

模型改进后结合区面变小，a 取不同值时各结合区面上取样线的分布如图 9-10 所示，由改进后的模型可知，其结合面在 Z 方向上的尺寸不变，则在 Z 向上与原模型一样均匀地取七条取样线 Z_1～Z_7，而在 Y 方向上的尺寸变小，但与原模型的取样线间隔一样，提取取样线上的应力，做出剪切应力和法向拉应力分布如

图 9-11～图 9-13 所示。

图 9-10　结合区截面取样位置示意图

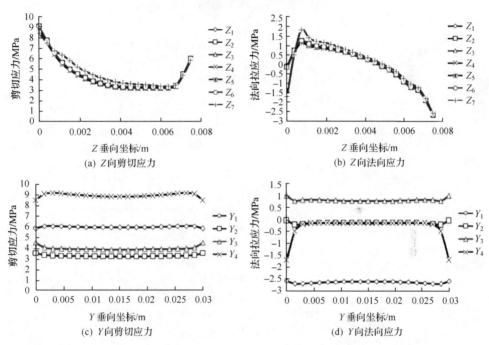

(a) Z 向剪切应力

(b) Z 向法向应力

(c) Y 向剪切应力

(d) Y 向法向应力

图 9-11　$a = 2.5\text{mm}$ 时模型的应力分布图

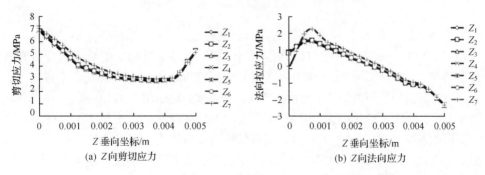

(a) Z 向剪切应力

(b) Z 向法向应力

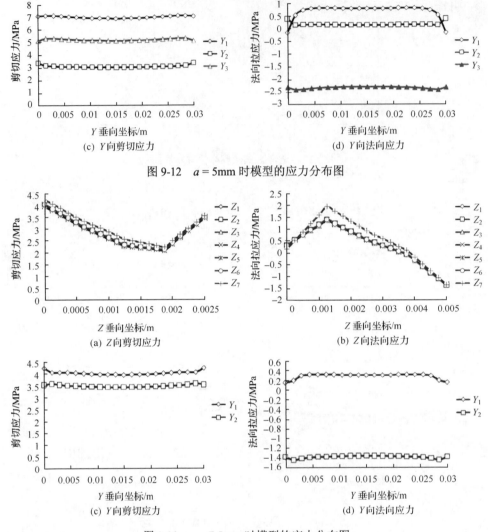

图 9-12 $a = 5\text{mm}$ 时模型的应力分布图

图 9-13 $a = 7.5\text{mm}$ 时模型的应力分布图

由图 9-11～图 9-13 所示的剪切应力和法向拉应力的变化可知，在 Z 向（竖直方向）和 Y 向上（水平方向）的应力分布趋势总体一致；Z 方向上的剪切应力随着坐标值的增大先减小后增大，法向拉应力随着坐标值的增大先增大后减小；Y 方向上的剪切应力和反向拉应力随着坐标值的增大几乎不变。通过图 9-11(a) 和图 9-11(b)、图 9-12(a) 和图 9-12(b)、图 9-13(a) 和图 9-13(b) 对比可知，模型结构改进后，结合区面上在 Z 方向上的剪切应力和法向拉应力较原模型分布更均匀，且无明显的应力集中区域存在，对于应力集中现象有了明显的消除；且在 Z 方向上，法向拉应力、压应力的数值较改进前有了明显的减小，原模型的拉应力、压应力最大能达到 8MPa 左右，改进后模型的最大拉应力、压应力不超过 3MPa。通过图 9-11(c)和图 9-11(d)、图 9-12(c) 和图 9-12(d)、图 9-13(c) 和图 9-13(d) 对比也可以看出，在 Y 方向上，结合区面上的法向应力进一步减小。

通过对比图 9-11(a)、图 9-12(a) 和图 9-13(a) 可知，当 a 取值增大时，模型结合区面上的平均剪切应力值减小，按照式(9-1)计算得出模型的界面平均剪切应力为 7MPa，界面平均剪切应力小于等于许用切应力时，认为材料不发生剪切断裂；而对于脆性材料，只要界面最大剪切应力小于等于许用切应力时，认为材料不会发生剪切断裂。因此，对于 a 取不同值的改进模型分析可知，$a=2.5$mm 时，模型的最大切应力约为 9.5MPa，超出平均剪切应力，容易导致在剪切测试过程中当施加的作用力未达到相应值时，结合区面上的最大剪切应力值已超出平均剪切应力而使修复层破坏脱落；而 $a=7.5$mm 时，模型的最大切应力为 4.3MPa 左右，过分地小于平均剪切应力，容易导致在剪切测试过程中要施加过大的作用力时，才能使结合区面上的最大剪切应力达到平均剪切应力，使修复层破坏脱落；$a=5$mm 时修复层的最大剪切应力为 7MPa 左右，能够测得相应准确的力载荷，因此采用 $a=5$mm 剪切测试模型较准确。

第10章 激光修复层结合强度测试方法设计

激光修复质量是装备零部件可再利用的重要保证,由于修复的基本目的是恢复表面形貌和原始使用性能,因此修复层的结合强度可以作为反映修复质量高低的重要指标,而现有的测试评价方法针对性不强,对试样及其修复层的加工要求较烦琐,因此有必要针对灰铸铁表面激光修复层设计一套结合强度测试方法。

10.1 修复层强度测试装置设计与制造

根据修复试样形状和对强度测量方法的研究,引用相关标准,设计测量修复层结合强度的实验装置,对其受力进行模拟分析,对受力集中部件进行优化设计,选择合适的材料进行加工制造。

10.1.1 装置设计

修复层和基体的结合强度是评价结合质量的重要参考因素,由前面的内容可知目前对涂层强度的检测方法可以分为两类:一类是通过测试破坏涂层时所用能量;另一类是测试迫使涂层断裂或脱落时所用的力。测量力比测量能量更容易一些,而且力的测量结果更直观,所以采用测量力的方法对修复层结合强度进行测试。通过分析不同涂层强度测试方法,根据试样特征,选用剪切方法对其强度进行测试,设计测量修复层结合强度装置,对测试装置整体结构和工作原理进行分析。

修复层与基体的结合为冶金结合,这与复合钢板的结合状态类似,可以借鉴复合钢板剪切实验方法,来测量修复层的剪切强度。复合钢板力学性能测试标准[161]中只是对测试装置的实现功能、配合精度、材料硬度等做了要求,对装置的外部形状没有要求,但是目前市场上并没有装置的成品,所以,为了对修复层结合强度进行测试,本章参考标准中的规定,设计制造剪切强度测试装置。标准[161]中对强度的实验装置有严格的要求,包括对试样测试时装置对试样的夹紧配合状态,装置中剪切试样的刀具硬度等,参照其对强度测试装置结构的要求具体分析,强度测试装置总体上可以分为两个部分:一部分用来夹紧试样并把压力传递为剪切力;另一部分提供剪切刀具和对剪切方向的导向,两部分结构通过紧密配合,完成对试样的剪切操作。

设计建立剪切强度测试装置模型,如图10-1所示,其整体结构可以分为两部分:一部分负责夹持试样,即夹持箱;另一部分负责对剪切操作进行导向和提供剪切刀具，命名为导向剪切支座。夹持箱的主要功能是将试样夹紧，并将试样的修复层部分露在外侧，方便修复层与剪切刀接触，实现剪切操作。夹持箱与导向剪切支座形成间隙配合，可以对夹持箱的上下移动起导向作用，为更好地将夹持箱受到的压力转化为试样与刀具的剪切力提供保障。

图 10-1　强度测试装置

导向剪切支座模型如图 10-2 所示，主要由支筒和剪切刀两部分组成。由于剪切刀是受力比较集中的零件，将剪切刀与支筒组装设计，可以方便更换易坏的剪切刀，而且，调整剪切刀的角度，可以使剪切刀具更加锋利，降低其将结合强度高的修复层剪切掉的难度。把支筒割出矩形凹槽，把剪切刀定位于支筒的凹槽中，限制剪切刀的移动，并由固定螺钉连接固定，支筒底部有直径较小的圆环，对剪切刀起支撑作用。剪切试验时剪切刀与外露的修复层直接接触，从而实现对其的剪切操作。

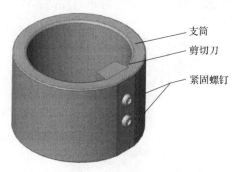

图 10-2　导向剪切支座

当强度测试装置夹紧试样时，如图 10-3 所示，夹持箱总成的内部结构实现将试样夹紧，限制试样所有的自由度，这样试样可以和夹持箱一起向下运动，试样修复层从夹持箱的凹槽中露出，而试样基体则在夹持箱内部。将装好试样的夹持箱放入到导向剪切支座，夹持箱整体沿着支筒内壁竖直向下运动，直到剪切刀与修复层接触并阻挡修复层继续运动。将电子试验机压头压在夹持箱的顶部，继续给夹持箱施加压力，则剪切刀和夹持箱一起对修复层形成剪切力，压力达到修复层剪切强度时，修复层会从基体上剪去或者被剪断。记录试验机剪断修复层时的压力，便可以计算试样修复层的抗剪切强度。

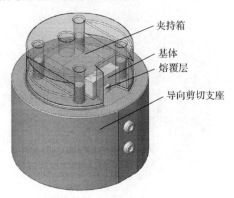

图 10-3　装置的总体结构

　　夹持箱总成的零件结构都是为了让夹持箱实现夹紧试样的目的，由于被剪切的试样加工尺寸可能有偏差，所以为了具有通用性，夹持箱对不同尺寸的试样应该具有调节功能。强度试验测量时，需要电子试验机施加压力于夹持箱，所以夹持箱应有与试验机压头接触的平面。设计应使整体结构尽量简单，而且还要有足够的强度，为了能实现上述功能，调节尺寸功能，选用两个楔形块互相配合的结构，为了能有比较好的压力作用面，将夹持箱外形结构分成夹持箱盖和夹持箱底两部分，综合上述两方面，最终设计的夹持箱总成结构如图 10-4 所示。

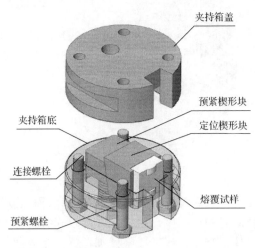

图 10-4　夹持箱的结构

　　图 10-4 为夹持箱的结构，由夹持箱盖、夹持箱底、预紧螺栓、定位楔形块、预紧楔形块和连接螺栓组成。可以看出，夹持箱盖和夹持箱底的外形相同。但内部略有不同，如图 10-5 所示，夹持箱底的中间是梯形螺纹孔，可以与预紧螺栓配合推动预紧楔形块上下运动，梯形螺纹的工艺性比较好，牙根强度比较高，能够更好地保证剪切试验的顺利进行，与三角形螺纹相比，在挤压应力较大时，不容易被锁死，方便试样被剪切后的拆装操作。

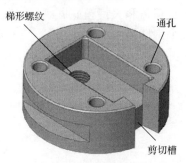

图 10-5　夹持箱底

　　为了夹紧试样，对楔形块进行了预紧操作，由于剪切试样时压力机施加在夹持箱的作用力需要将熔层剪断，熔层被剪掉时会对试样块形成反作用力，楔形块和试样之间的挤压力也会更大，所以为了方便试验后的拆装操作，在夹持箱盖上设置了一个通孔，如图 10-6 所示，如果试验后预紧楔形块夹紧力过大，可以从上方的通孔给楔形块以向下的作用力，从而可以方便地把楔形块卸下。在夹持箱盖与夹持箱底内部铣削相同尺寸的方槽，方便与内部夹紧结构配合，由于拟采用铣削方式加工方槽，受加工铣刀圆角半径的限制，所以在方槽四周留有圆角。对不同试样进行试验时，夹持箱需要经常拆装，所以采用 4 个螺栓把夹持箱连接在一起，夹持箱盖留有螺纹孔，夹持箱底留有通孔。

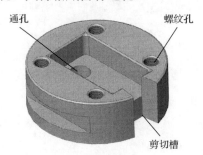

图 10-6　夹持箱盖

　　预紧螺栓、预紧楔形块和定位楔形块是夹持箱实现夹紧功能的组成部分，如图 10-7 所示。预紧螺栓与夹持箱底部通过梯形螺纹副连接，预紧螺栓顶部与预紧楔形块底部接触。由于当三角形螺纹受到较大作用力时，预紧螺栓容易产生自锁，使装置拆卸困难，而且三角形螺纹的强度相对较低，所以螺栓选用强度高的梯形螺纹，传动性较好也方便拆卸。预紧楔形块与定位楔形块的楔形面接触，定位楔形块与夹持箱空腔为间隙配合。把楔形块组合安装到夹持箱盖与夹持箱底形成的空腔内，用普通螺栓把夹持箱盖和夹持箱底固定，将预紧螺栓旋入夹持箱底顶紧预紧楔形块，就组成了整个夹持箱结构。

(a) 预紧螺栓　　　　　　　(b) 预紧楔形块　　　　　　(c) 定位楔形块

图 10-7　预紧定位组件

　　夹紧试样的过程如下，先将试样放入定位楔形块的定位槽内，把两个楔形块组合好，修复层朝向剪切槽，一起放入夹持箱底的空腔中，盖上夹持箱盖并把夹持箱盖和夹持箱底用螺栓连接起来，此时试样的上下运动被夹持箱盖限制，前后运动被定位楔形块限制。调节预紧螺栓顶紧楔形块，通过梯形螺纹副的传动作用，促使预紧楔形块向上运动，推动定位楔形块和试样一起向右运动，修复层从剪切槽露出，旋紧预紧螺栓，就可以将试样夹紧。夹紧过程的零件运动示意如图 10-8 所示。试样被夹紧后零件所在位置如图 10-9 所示。

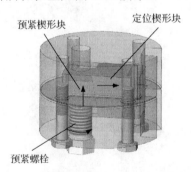

图 10-8　夹紧过程试样移动方向示意图

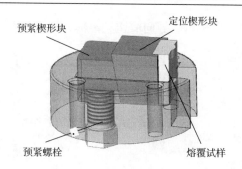

图 10-9　预紧试样位置示意图

可以把试样中间的修复层铣去，在一个试样两端的修复层，分别进行一次剪切试验。当进行完一次剪切试验时，一端的修复层可能被完全剪去，此时夹持箱可以继续向下运动，进行另外一侧的剪切操作；不过修复层也有可能部分断裂，仍有部分残留，这时残留的修复层仍然会和剪切刀接触，阻挡夹持箱向下运动，此时，由于夹持箱外形的对称结构和内部楔形块具有自锁功能，只需将夹持箱倒置，取下预紧螺栓，即可进行另一端修复层的剪切试验。这样减少了试验的拆装过程，提高了试验效率。在没有预紧螺栓顶紧的情况下，预紧楔形块自身的楔形角度使其具有自锁能力，当受到右侧定位楔形块冲击力时，并不会产生滑动。

10.1.2　装置模型受力分析

强度测试装置中不同零件在剪切试验时受力不同，最初受力的是与试验机压头接触的夹持箱盖，夹持箱盖压紧试样向下运动，使修复层与剪切刀接触，由于剪切刀被支筒固定，则剪切刀和夹持箱一起形成对试样的剪切力。为了测试装置是否能将电子试验机的作用力较好地转化为测试试样修复层的剪切力，利用有限元分析方法对模型进行受力分析。

有限元分析的基本原理是将待分析的零件或结构通过网格划分为很多部分，通过对零件设置合理的约束和设置零件的材料属性，再施加相应载荷模拟其受力情况，利用软件强大的计算能力，对网格划分的小部分的节点应力进行分析，找到应力最集中的部分，为改善受力提供理论依据。但是，分析过程中的约束、载荷的合理性设置等对分析结果影响较大，需要进行调节设置。

强度测试装置零件较多，整体上包括两大部分，夹持试样的夹持箱部分和剪切试样的导向剪切支座部分。为了使分析更加合理，提高分析速度，将模型进行一定的简化，忽略不重要的部分，将连接夹持箱盖和夹持箱底的螺栓、螺纹孔及夹持箱盖上的通孔等简化，通过软件内部的约束关系可以实现零件的装配关系，如通过设置分析模型中夹持箱底和夹持箱盖的接触约束实现其装配，夹持箱空腔的预紧楔形块和定位楔形块按实际情况施加约束。导向剪切支座部分较简单，模型中将固定螺钉简化，剪切刀和支筒的装配由接触约束实现。夹持箱部分装配好试样的模型如图 10-10(a)所示，导向剪切支座部分模型如图 10-10(b)所示。

(a) 夹持箱　　　　　　　　　　　　　(b) 导向剪切支座

图 10-10　夹持导向组件

　　在对强度测试装置简化以后，还要对其零件赋予材料属性。由于修复试样主要是灰铸铁试样，45 钢试样只是对比分析试样，所以，强度测试分析按照灰铸铁材料给修复试样基体添加属性，泊松比为 0.25，杨氏模量为 120GPa，密度为 7200kg/m^3。强度测试装置零件材料选用系统中默认钢结构材料，取杨氏模量为 200GPa，泊松比为 0.3，密度为 7850kg/m^3。由于强度测试装置包含的零件较多，对其网格控制比较困难，因此对装配整体用自由划分方法进行划分网格。有限元离散模型如图 10-11 所示。

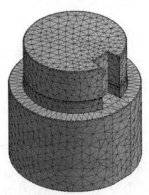

图 10-11　有限元离散模型

　　根据夹持箱各零件的工作原理和实际接触情况，设置各零件表面的接触约束，使夹持箱分析模型夹紧试样，设置试样和剪切刀的约束为不渗透的接触约束，设置夹持箱底和支筒的接触类型也为不渗透的接触约束，接触面法向不分离，切向可以有微小的位移，这与实际工作过程相符合。设置支筒和剪切刀的接触面为接触约束，将其二者绑定在一起共用节点，无相对位移。在支筒底面施加全约束，在夹持箱盖顶端施加均布载荷，这与实际试验中电子试验机施加的压力相符合。

　　根据以上设置，对模型的装配整体进行模拟分析，设置夹持箱顶部施加的载荷为 100MPa 时得出装配模型的应力整体分析如图 10-12（a）所示。

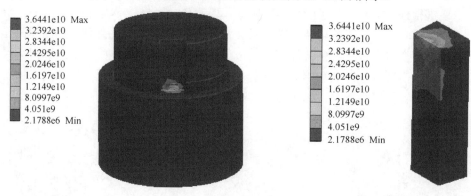

(a) 整体　　　　　　　　　　　　　　　　(b) 剪切刀

图 10-12　剪切应力分布

　　由图 10-12（a）可以看出，应力最集中的部位为修复层和剪切刀接触处，剪应力主要分布在剪切面上，强度测试装置的装配整体可以把压在夹持箱的压力较好地转化为熔层结合面上的剪切力，装配整体内部零件并没有应力集中。装配体中受力最集中的零件为剪切刀，其 Mises 应力分布云图如图 10-12（b）图所示，剪切刀是受力最为集中的零件，剪切刀的加工应该选用硬度和强度更高的材料，设计过程中，把导向剪切支座进行组合安装设计，将导向剪切支座设置为剪切刀与支筒的装配体，这样容易加工和更换剪切刀。

10.1.3　强度测试装置加工

　　根据参考标准[161]中对强度测试装置的表面硬度、加工精度、尺寸公差、零件配合等加工处理的相关要求，结合设计理论和实际使用需求，对强度试验装置进行设计和加工，为防止零件生锈提高零件的使用性能，对所有加工零件均进行热处理。

　　剪切刀是受力集中的零件，而且是强度测试中关键的零件，因此，加工中选用了硬度和强度较高的 Cr12 钢，Cr12 钢是应用广泛的模具钢，经过一般热处理可达硬度为 58～62HRC[①]，具有良好的综合力学性能，用化学渗碳热处理后工件表面硬度可达 68～70HRC，而心部组织性能良好。标准中对剪切刀的要求是不低于 600HV，相当于 57.3HRC，Cr12 可以满足硬度要求，为进一步提高材料硬度和耐磨性能，可对剪切刀进行渗碳热处理。

　　45 钢为中碳结构钢，加工性能好而且强度高，是机械加工中应用极为广泛的材料，经过淬火处理后硬度可以达到 400HV 以上，满足标准中对装置的要求，而且经济性好，除剪切刀以外的其他零件均选用 45 钢为加工原料。预紧螺栓选用梯

---

　　① HR 表示洛氏硬度，无单位，C 表示标尺 C。

形螺纹，梯形螺纹比三角形螺纹强度相对高一些，在装置中预紧螺栓的作用是对楔形块进行预紧，同时为了防止拆卸困难，要避免预紧螺栓本身被锁死。

剪切试验中修复层被剪断的瞬间对夹持试样的定位楔形块会有一定的冲击作用力，试样会对夹持其的定位楔形块造成磨损，所以对于定位楔形块应该提高硬度和强度，需要进行淬火和黑化热处理。绘制强度测试装置图纸，按照要求加工强度测试装置的每个零件，加工后的零部件和装置，如图 10-13 所示。

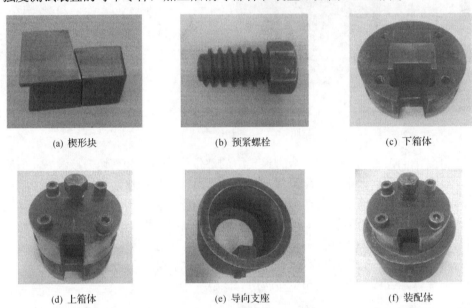

(a) 楔形块　　　　　　　　　(b) 预紧螺栓　　　　　　　　　(c) 下箱体

(d) 上箱体　　　　　　　　　(e) 导向支座　　　　　　　　　(f) 装配体

图 10-13　测试装置零件及装配体

10.1.4　剪切强度测量方法优化及试验分析

由于激光修复层的形状呈抛物线形[161]，为了使测试的强度值的评价效果更准确，根据激光修复层的形状特点，通过对修复层剪切测试时的应力状况进行模拟分析，探究不同修复层参数尺寸对测试过程中修复层与基体应力分布的影响。通过有限元分析方法，进行受力模拟实验，优化强度测试方法，为更好地评价结合强度提供支持，再进行不同工艺的修复层强度测试，分析不同工艺对强度的影响。

先将试样装入定位楔形块，再把两个楔形块组合在一起，一并装入夹持箱底的空腔中。先用连接螺栓把夹持箱盖和夹持箱底连接固定在一起，然后再用预紧螺栓顶紧楔形块夹紧试样。把装配好的夹持箱装入导向剪切支座中，使修复层和剪切刀接触，把试验机压头压在夹持箱上进行强度测量，如图 10-14 所示为装入试样的剪切测试装置。

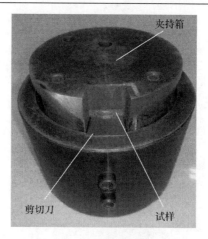

图 10-14　强度测试装置和试样

剪切过程如图 10-15 所示，左边为强度测试装置在实验台上进行剪切操作，右侧为放大视图。在万能试验机的加力装置接近夹持箱时，应控制应力速率，参考标准测试中的应力速率，设置剪切实验应力速率为 $4N/(mm^2/s)$。由电子试验机测试的压力和试样修复层被剪切的面积，可以计算出试样的剪切强度。

图 10-15　剪切实验

剪切实验的负荷-变形曲线如图 10-16 所示，在前面平稳的部分为试验机压头还未接触强度测试装置时的曲线，当压头接触到强度测试装置以后，压力开始逐渐增加，直到试样被剪断，在曲线最高点所对应的压力值，为试样抗剪压力的极限值。

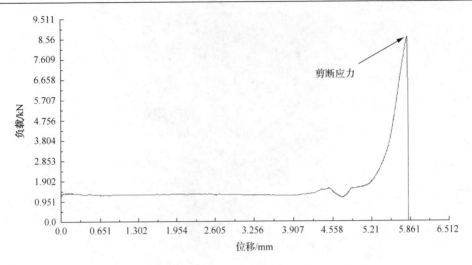

图 10-16　负载-变形曲线

修复层和基体结合面的抗剪强度可以通过剪切强度的公式计算为

$$\tau = \frac{F}{A} \tag{10-1}$$

式中，F 为剪断时应力；A 为被剪修复层和基体的结合面积。该结合强度值反映了修复层和基体的结合质量，强度值越大，则其抵抗剪应力脱落的能力就越强，这在一定程度上反映出结合质量越好。

10.2　结合状态微观检测与综合评价

激光修复层结合强度除了由剪切强度间接反映，另外也与组织形态关系密切，它对结合区的典型组成相构成比较敏感[161]，因此将修复层结合区的组织成分及其分布情况进行分析量化，引入强度评价体系。

10.2.1　残余奥氏体

残余奥氏体分布在马氏体包围的区域，根据被包围面积的大小，残余奥氏体的大小也有差异，有些大面积奥氏体区域被少量马氏体分隔开，呈现出多个相邻的残余奥氏体区域。从整体上看，残余奥氏体数量很多，残余奥氏体在结合区占有相当多的面积，对结合强度影响较大。残余奥氏体主要分布在结合区的中部区域，如图 10-17 和图 10-18 所示。

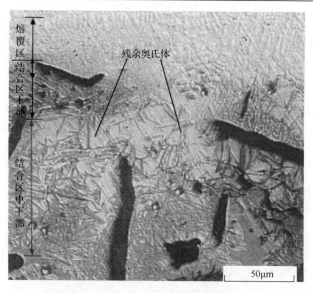

图 10-17　大片残余奥氏体集中分布

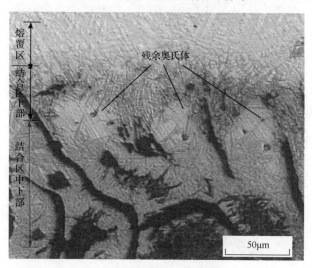

图 10-18　残余奥氏体被间隔分布

图 10-17 中的残余奥氏体为大片区域集中存在，被较小的无规律分布的马氏体间隔开，这与奥氏体转变时受到马氏体抑制有关，针状马氏体在残余奥氏体中只是把奥氏体分开并未大量聚集，此时残余奥氏体区域较大，则在此情况下，残余奥氏体比其内部无规则的马氏体对结合强度的影响更大一些。图 10-18 中残余奥氏体区域在结合区中的面积相对较小，其上部有变态莱氏体和马氏体，下部有大量马氏体聚集，则在此情况下残余奥氏体对强度的影响相对小一些。

残余奥氏体一般会对结合强度和耐磨性产生不利影响，但是在熔覆结合区中，还有分布不均的脆硬组织如变态莱氏体和马氏体针团，残余奥氏体的热稳定和机械稳定性能反而有助于提高整体的韧性和塑性，减少微裂纹的扩展。由于残余奥氏体在应力集中时，可以吸收能量，发生相变转为马氏体，进而可以减少应力集中和微裂纹的影响，即具有应变诱导塑性，对修复层的结合状态和结合强度具有增强作用，可以对结合区残余奥氏体的面积进行统计，表征其对微观组织强度的影响。

10.2.2 马氏体

马氏体在结合区中所占面积较大，因为马氏体自身的强度较高，所以，一般认为马氏体有助于组织内部强度的提高。从图 10-19 中可以看出，高碳马氏体形状为针状，马氏体在残余奥氏体周围集中分布，部分在残余奥氏体内部散状分布将残余奥氏体分开，针状高碳马氏体的强度和硬度都较高。但由于碳的含量较高，导致组织塑性和韧性较低，而且马氏体的比热容比奥氏体大，当奥氏体转变为马氏体时，体积会膨胀，会引起很大的内应力，严重时会引起开裂，马氏体的组织分布也不均匀，则这部分区域的结合强度也会降低。

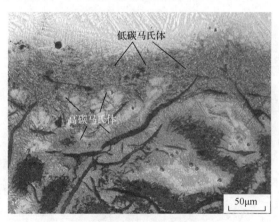

图 10-19 马氏体组织分布

而在结合区上部主要分布有低碳马氏体及高碳马氏体和低碳马氏体的混合组织，当碳含量低于0.25%时，基本上都是低碳马氏体，如图 10-19 所示，在与熔覆区接近的结合区上部由于含碳量较低，为低碳马氏体组织，其形态为平行的细板条，低碳马氏体过饱和度小，内应力低和存在位错亚结构，其不仅强度高，而且塑性和韧性也较好，对组织强度的提高极其有利。

激光熔覆急速冷却，促进了马氏体的形成，低碳和高碳马氏体的分布与碳的含量相关。因为灰铸铁基体中原有的碳含量较高，所以靠近基体部分的碳含量较高, 易形成高碳马氏体, 由于熔覆时间很短, 碳的扩散不均匀, 越是靠近修复层的部分, 碳的含量越低, 更易形成低碳马氏体。

因此, 从结合区马氏体的形态和分布来看, 结合区中部的残余奥氏体与高碳马氏体结合部分为结合强度较低的位置, 高碳马氏体含量越少分布越均匀则结合区的强度越高。碳含量对高碳马氏体分布影响较大, 碳含量越高, 高碳马氏体组织越多, 碳的分布越不均匀, 引起高碳马氏体分布也越不均匀, 所以结合部分过高的含碳量及碳的分布不均匀降低了结合区的组织强度。

10.2.3 石墨

石墨为灰铸铁的特殊相, 约占灰铸铁体积的 10%, 合金粉末和表面灰铸铁被激光照射熔化形成熔池, 由于石墨的熔点较高, 而且比热容较大, 熔池中的石墨只是部分微熔, 所以结合区的石墨仍然保持基体中的形态, 呈现大小和方向均无规律的片状分布, 如图 10-20 所示。

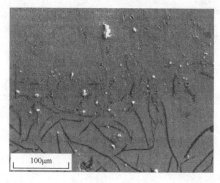
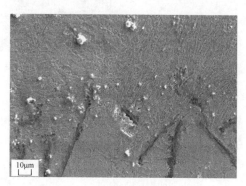

(a) 250倍　　　　　　　　　　　　　　　(b) 500倍

图 10-20　结合区石墨

如图 10-20(a) 所示为放大 250 倍时的石墨形态, 从中可以看出石墨形态没有发生变化, 随机分布在结合区和基体中, 结合区上部没有石墨。如图 10-20(b) 所示为放大 500 倍时结合部分的石墨形态, 可以看出石墨有微熔现象, 石墨像利刀一样嵌入组织中, 无论是马氏体组织还是残余奥氏体组织, 均被其分开, 有些情况下, 石墨两边分布着不同的组织, 此时加剧了对组织的割裂作用, 因此, 石墨破坏了组织的统一性, 降低了组织的结合强度。

石墨自身的强度、硬度、塑性很低, 石墨分布在结合区中, 使结合区组织承载的有效面积下降, 因此, 石墨使结合区组织的抗拉强度、塑性、韧性降低, 石墨越多, 越粗大, 分布越不均匀, 结合区组织的强度就越低, 结合质量就越差。石墨的熔解使周围组织的碳含量增高, 易产生比较脆硬的组织, 而且石墨尖角也容易产生应力集中, 在其尖端易产生微裂纹, 因此石墨极大地降低了组织的强度。

如图 10-21 所示为结合区中不良的粗大的石墨形态，左侧中可以看到较大的石墨交汇一起，右侧中可以看到粗大的石墨。不良的石墨形态受铸铁基体遗传性影响，基体中原有的粗大石墨在熔覆过程中对石墨组织具有遗传影响，另外，熔覆后组织形成过程中，碳原子会把微熔的石墨作为结晶核心，促进了粗大石墨的生成。由于石墨的强度较低，所以粗大的石墨或者多条石墨搭接在一起，增加了石墨对组织的割裂程度，从而降低了修复层与基体结合的强度。

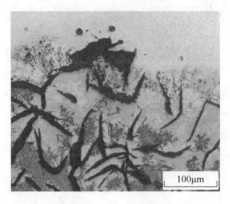

图 10-21　粗大石墨形态

对结合区的石墨进行放大观察，在石墨与高碳马氏体结合的部分，尤其是在多条石墨相交处，更容易产生微裂纹，如图 10-22 所示。从图 10-22 中可以看出，在石墨的尖端部分容易产生应力集中和微裂纹，而在两条石墨搭接的区域更容易产生应力集中，微裂纹虽然较小，但是在熔覆零件服役的过程中，微裂纹会慢慢扩展，进而影响工件的寿命，在修复层受到强烈冲击力时，例如，在进行强度剪切测试时，微小裂纹也会是断裂破坏的初始区域，所以微裂纹也影响到修复层的结合强度。微裂纹会诱发组织的应力集中，减弱结合强度，降低结合质量，所以微裂纹数量也是影响结合质量的重要因素。

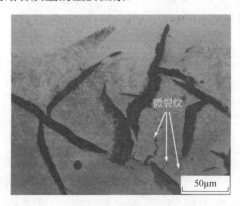

图 10-22　微裂纹

10.2.4　结合质量表征方法设计

修复层的剪切强度、结合区组织、结合区石墨形态和分布等，均能影响结合强度的大小或影响结合质量，为了便于对熔覆质量进行更加有效的检测，按照各因素对结合强度及抗疲劳性能的影响，将各个因素对结合质量的影响进行综合表征分析。从对试样剪切强度的测试数据来看，不同试样剪切强度值相差较大时可以达到20%左右，因此，可以用剪切强度值来大致反映内部结合强度的80%，但剪切强度无法表征内部潜在裂纹、组织缺陷等易引起疲劳破坏的因素对结合质量的影响。因此，若要对其结合质量进行综合检测，需要结合石墨相的形态大小和分布、残余奥氏体和马氏体分布、微裂纹等微观影响因素。

为了更好地对结合强度量化表征，引用理想结合强度概念。理想结合强度就是在理想的最优结合状态下组织的结合强度，排除各种不利因素的影响，即在无石墨相割裂、组织分布均匀时的强度值，理想的结合状态不可能达到，但是可以参考理想情况下强度对其他因素的影响并进行量化比较。理想结合状态下，从修复层到基体部分碳元素的含量逐渐增加，结合区组织从上到下依次为低碳马氏体、残余奥氏体和高碳马氏体，而且组织分布均匀，如图 10-23 所示。

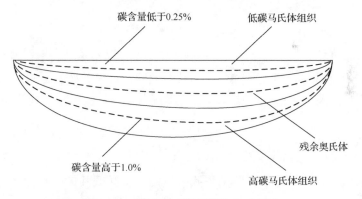

图 10-23　结合区理想组织分布示意图

结合区的理想组织分布状态的强度值可以按照组织成分比例和每个组织的强度进行估算[161]，理想强度的计算方法为

$$\sigma_L = \sigma_A \omega(A) + \sigma_{M_1} \omega(M_1) + \sigma_{M_2} \omega(M_2) \tag{10-2}$$

式中，σ_A 为奥氏体组织的强度；$\omega(A)$ 为奥氏体的质量分数；σ_{M_1} 为低碳马氏体的强度；$\omega(M_1)$ 为低碳马氏体的质量分数；σ_{M_2} 为高碳马氏体的强度；$\omega(M_2)$ 为高碳马氏体的质量分数。不同组织的质量分数测量比较困难，可以采用其金相截面中各个组织的面积比进行估算，也可以用修复层强度和基体强度的均值近似代替理

想强度。下面根据实际情况中各个因素对理想强度的影响大小进行具体分析。

结合区的碳元素含量过高及分布不均匀是导致结合区组织脆硬、结合强度低的主要原因，结合区碳的含量越低越均匀，结合质量就越好。当稀释率一定时，如果基体元素分布均匀，则碳元素熔解在结合区的含量确定，此时碳元素在结合区的分布符合正态分布。因此，可以利用取样分析方法对其均值和分布密度进行计算，其分布越均匀，结合状态越好，均值越小，结合状态越好，将碳元素含量均值对结合质量的影响记为 x_1。

石墨对理想结合状态下的结合区组织就可近似看成强度很低的组织，因此，将结合区石墨面积占结合区面积的比表征石墨对结合区组织影响记为 x_2。

马氏体和残余奥氏体组织对结合强度的影响，主要从组织的面积和组织的分布考虑，由于高碳马氏体脆性大，所以高碳马氏体越少越好；残余奥氏体越多越有利于缓解结合区脆硬的状态，有利于提高抗疲劳性能，所以残余奥氏体越多越好；另外组织分布越均匀越好。将组织形态和分布对结合强度的影响记为 x_3。组织的不均匀性与该组织的每个小组织到理想组织中心线的距离成反比，与组织面积成正比，例如，残余奥氏体的不均匀性可以表示为

$$f(A) = \sum_{i=1}^{n}(A_i d_i) \tag{10-3}$$

式中，A_i 为结合区第 i 个残余奥氏体的面积；d_i 为第 i 个小残余奥氏体到理想分布时残余奥氏体组织中心线的距离；n 为统计的残余奥氏体个数。$f(A)$ 越大，组织分布越不均匀。则组织分布对结合质量的影响 x_3 可以表示为

$$x_3 = \frac{f(A)f(M_1)f(M_2)\omega(M_2)}{\omega(A)\omega(M_1)} \tag{10-4}$$

式中，$f(A)$、$f(M_1)$、$f(M_2)$ 分别为残余奥氏体、低碳马氏体和高碳马氏体的分布不均匀度；$\omega(A)$、$\omega(M_1)$、$\omega(M_2)$ 分别为残余奥氏体、低碳马氏体和高碳马氏体的质量分数。在式(10-4)中，x_3 越大表示结合状态越差。

工件使用过程中，石墨尖端的微裂纹会慢慢扩展，降低组织的强度，所以微裂纹也是影响组织结合质量的重要因素，微小裂纹的数量越多、深度越大，对结合质量的影响越大，所以将微小裂纹对结合质量的影响记为 x_4。

综合以上分析，对于含有熔覆缺陷试样的检测，熔覆缺陷越大，缺陷数量越多，则结合质量越差。对于没有熔覆缺陷的试样，可以将对结合质量在微观方面的检测，分为以上从 $x_1 \sim x_4$ 这 4 个方面，可以根据实际需求和经验水平进行具体检测。为提高检测效率，使检测结果更具有对比性，可以通过对剪切强度和各个微观因素的检测进行打分。由于在宏观形貌较好的情况下，工艺因素的改变可以

引起 20%左右的剪切强度值变化，所以剪切强度可以近似表征结合强度的 80%。参考对结合质量的影响对宏观和微观参数的分配比例，剪切强度的变化分配 80%的比例，各微观检测因素总和占打分比例的 20%，则对于 A、B 两个试样结合状态的优劣可以通过式(10-5)对比分析：

$$F(A,B) = 0.8\frac{\tau(A) - \tau(B)}{\tau(A)} - 0.2\sum_{i=1}^{4}\frac{x_i(A) - x_i(B)}{x_i(A)} \tag{10-5}$$

式中，$\tau(A)$、$\tau(B)$分别表示 A、B 两个试样测试的强度值；$x_1(A)$、$x_1(B)$分别为 A、B 试样中碳元素含量均值；$x_2(A)$、$x_2(B)$分别为 A、B 试样中石墨对结合部分的影响；$x_3(A)$、$x_3(B)$分别为 A、B 试样中组织形态和分布的影响；$x_4(A)$、$x_4(B)$分别为 A、B 试样微裂纹数量。由于除了结合强度，其他检测因素均和结合状态呈负相关，所以其他因素的系数为负数。

由式(10-5)可知，$F(A,B)>0$，则 A 试样的结合质量大于 B 试样；$F(A,B)<0$，则 A 试样的结合状态不如 B 试样的结合状态好。$F(A,B)$越大，A 试样相对 B 试样的结合状态越好。在实际检测中可以把结合质量较好的试样选为 B 试样，对其他试样进行结合质量的对比。

参 考 文 献

[1] 伊鹏, 刘衍聪, 石永军, 等. 浸没式介质环境对基体表面激光热加工的影响[J]. 中国激光, 2010(10): 2642-2647.

[2] Liang G Y, Su J Y. The microstructure and tribological characteristics of laser-clad Ni-Cr-Al coatings on aluminium alloy[J]. Materials Science and Engineering: A, 2000, 290(1): 207-212.

[3] Yue T M, Wang A H, Man H C. Corrosion resistance enhancement of magnesium ZK60/SiC composite by Nd: YAG laser cladding[J]. Scripta Materialia, 1999, 40(3): 303-311.

[4] 赵新, 金杰, 姚建铨. 激光表面改性技术的研究与发展[J]. 光电子·激光, 2000, 11(3): 324-328.

[5] 左铁钏, 陈虹. 21 世纪的绿色制造-激光制造技术及应用[J]. 机械工程学报, 2009, 45(10): 106-110.

[6] 张迪, 单际国, 任家烈. 高能束熔覆技术的研究现状及发展趋势[J]. 激光技术, 2001, 25(1): 39-42.

[7] 董世运, 马运哲, 徐滨士, 等. 激光熔覆材料研究现状[J]. 材料导报, 2006, 20(6): 5-9.

[8] 李艳芳, 卫英慧, 胡兰青, 等. 金属材料表面激光热处理的研究与应用[J]. 太原理工大学学报, 2002, 33(2): 142-145.

[9] 陈静, 谭华, 杨海欧, 等. 激光快速成形过程熔池行为的实时观察研究[J]. 应用激光, 2005, 25(2): 77-81.

[10] 雷剑波, 杨洗陈, 陈娟. 激光熔覆熔池表面温度场分布的检测[J]. 中国激光, 2008, 35(10): 1605-1608.

[11] 张可言. 金属材料在中强度激光辐照下的相变速度研究[J]. 物理学报, 2004, 53(6): 1815-1819.

[12] Jaeger J C. Moving sources of heat and temperature at sliding contacts[J]. Proceedngs of Royal Society of New. South. Wales. , 1942, 76(6): 203-224.

[13] Rosenthal D. The theory of moving sources of heat and its appliation to metal treatments[J]. Transactions of ASME. , 1946, 68: 849-866.

[14] Carslaw H S, Jaeger J C. Conduction of Heat in Solids [M]. Oxford: Oxford University Press, 1959.

[15] Cline H S, Anthony I R. Heat treating and melting material with a scanning laser or electron beam[J]. British Journal of Applied Physics, 1977, 48(11): 3895-3900.

[16] Pittaway L G. The temperature distribution in thin foil and semi-infinite targets bombarded by an electron beam[J]. British Journal of Applied Physics, 1964, 15(13): 967-1082.

[17] Lolov N. Temperature field with distributed moving heat source[J]. International Institute of Welding, 1987, 212: 212-682-87.

[18] Mazumder J, Steen W M. Heat transfer model for CW Laser material processing[J]. J Appl Physics, 1980, 51(2): 941-947.

[19] Chande T, Mazumder J. Heat Flow During CW Laser Materials Processing[M]. Proc. , Laser in Metallurgy, Published by TMSAIME, Warrendale, 1980.

[20] Kou S, Hsu S C, Mehrabian R. Rapid melting and solidifiation of a surface due to moving heat flux[J]. Metallurgical Transactions B, 1981, 12B(3): 33-45.

[21] Gadag S P, Srinivasan M N, Mordike B I. Effect of laser processing parameters on the structure of ductile iron[J]. Material Science & Engineering, 1995, A196: 145-151.

[22] Hoadley A F A, Rappaz M. A thermal model of laser cladding by powder injection[J]. Metallurgical Transactions B, 1992, 10(23B): 631-642.

[23] Cho C D, Zhao G P, Kwak S Y, et al. Computational mechanics of laser cladding process[J]. Journal of Materials Processing Technology, 2004, 153-154(10): 494-500.

[24] Voller V R, Prakash C. A fixed grid numerical modeling methodology for convection- diffusion mushy region phase-change problems[J]. Int. J. Heat Mass. Trans. , 1987, 30(8): 1709-1719.

[25] Hsu C F, Sparrow E M, Patankar S V. Numerical solution of moving boundary problems by boundary immobilization and a control-volume-based finite-difference[J]. Int. J. Heat Mass. Trans. , 1981, 24(8): 1335-1343.

[26] Jendrzejewski R, Sliwinski G, Krawczuk M, et al. Temperature and stress fields induced during laser cladding[J]. Computer and Structures, 2004, 82(7-8): 653-658.

[27] Toyserkani E, Khajepour A, Corbin S. 3-D finite element modeling of laser cladding by powder injection: Effects of laser pulse shaping on the process[J]. Optics & Lasers in Engineering, 2004, 41(6): 849-867.

[28] Alimardani M, Fallah V, Khajepour A, et al. The effect of localized dynamic surface preheating in laser cladding of Stellite 1[J]. Surface & Coating Technology, 2010, 204(23): 3911-3919.

[29] Palumbo G, Pinto S, Tricarico L. Numerical finite element investigation on laser cladding treatment of ring geometries[J]. Journal of Materials Processing, Technology, 2004, 155-156: 1443-1450.

[30] 田宗军, 王东生, 黄因慧. 45 钢表面激光重熔温度场数值模拟[J]. 材料热处理学报, 2008, 29(6): 173-178.

[31] 沈以赴, 顾冬冬, 余承业, 等. 直接金属粉末激光烧结成形过程温度场模拟[J]. 中国机械工程, 2005, 16(1): 67-73.

[32] 陈泽民, 曾凯, 廖丕博. 激光熔覆模压预置层的温度场模拟与参数预测[J]. 材料热处理学报, 2009, 31(1): 188-191.

[33] 席明哲, 虞钢. 连续移动三维瞬态激光池温度场数值模拟[J]. 中国激光, 2004, 31(12): 1527-1532.

[34] 骆芳, 陆超, 姚建华. 灰铸铁多层熔覆 Ni 基合金工艺实验与应用[J]. 应用激光, 2005, 25(1): 35-40.

[35] 栾景飞, 严密, 周振丰. 铸铁表面激光熔敷层的抗裂性和耐磨性[J]. 材料研究学报, 2003, 17(2): 173-179.

[36] 栾景飞, 胡建东, 周振丰. 激光熔覆参数对灰铸铁激光修复层裂纹的影响[J]. 应用激光, 2002, 20(2): 53-60.

[37] 栾景飞, 严密. TiC-Fe₃C 对铸铁激光熔敷层耐磨性的影响[J]. 摩擦学学报, 2002, 22(5): 339-341.

[38] 栾景飞, 严密. Si 对铸铁激光熔敷层抗裂性的影响[J]. 机械工程学报, 2002, 38(10): 69-73.

[39] 张庆茂, 刘文今. 激光强化铸铁活塞环的磨损性能[J]. 中国有色金属学报, 2006, 16(3): 447-452.

[40] 刘文科, 柏朝茂. 铬铸铁表面激光熔敷 Ni-Al-WC 合金层及组织性能研究[J]. 原子能科学技术, 2002, 36(4-5): 450-453.

[41] Ocelik V, Oliverira U D, Boer M D. Thick Co-based coating on cast iron by side laser cladding: Analysis of processing conditions and costing properties[J]. Surface and Coating Technology, 2007, 201(12): 5875-5883.

[42] Tong X, Zhou H, Chen W W, et al. Effects of pre-placed coating thickness on thermal fatigue resistance of cast iron with biomimetic non-smooth surface treated by laser alloying[J]. Optics and Laser Technology, 2009, 41(10): 671-678.

[43] Tong X, Zhou H, Ren L Q, et al. Effects of graphite shape on thermal fatigue resistance of cast iron with biomimetic non-smooth surface[J]. International Journal of Fatigue, 2009, 31(7): 668-677.

[44] Tong X, Zhou H, Zhang Z H, et al. Effects of surface shape on thermal fatigue resistance of biomimetic non-smooth cast iron[J]. Materials Science and Engineering A, 2007, 467(6): 97-103.

[45] Zhao Y, Ren L Q, Tong X, et al. Frictional wear and thermal fatigue behaviors of biomimetic coupling materials for brake drums[J]. Journal of Bionic Engineering, 2008, 5(9): 20-27.

[46] 王茂才, 吴维强. 先进的燃气轮机叶片激光修复技术[J]. 燃气轮机技术, 2001, 14(4): 53-56.

[47] Kathuria Y P. Some aspects of laser surface cladding in the turbine industry[J]. Surface and Coatings Technology, 2000, 132(3): 262-269.

[48] 黄庆南, 万明学, 申秀丽, 等. 涡轮叶片锯齿冠激光熔覆的应用研究[J]. 燃气涡轮, 2002, 2(7): 50-53.

[49] 胡乾午, 刘顺洪, 李志远, 等. 涡轮发动机叶片的激光表面强化[J]. 应用激光, 1998, 18(2): 75-77.

[50] 姜伟, 胡芳友, 吉伯林. 激光熔覆技术在发动机涡轮导向器修复中的应用[J]. 海军航空学院学报, 2005, 20(2): 221-222.

[51] Sexton L, Lavin S, Byrne R, et al. Laser cladding of aero space materials[J]. Journal of Materials Processing Technology, 2002, 122(5): 63-68.

[52] 叶和清, 王忠柯, 许德胜. 零件表面裂纹激光修复的组织结构研究[J]. 华中理工大学学报, 2000, 28(12): 73-75.

[53] 刘其斌, 朱维东, 董闯, 等. 宽带激光熔覆工艺参数对梯度生物陶瓷复合涂层组织与烧结性的影响[J]. 生物医学工程学志, 2005, 22(6): 1193-1196.

[54] 徐松华, 肖阳, 李健. 直升机发动机涡轮导向器激光修复组织性能研究[J]. 光学学报, 2009, 30(8): 2311-2316.

[55] 杨坤, 晁明举, 袁斌. 激光修复机车连杆裂纹研究[J]. 激光杂志, 2005, 26(2): 68-69.

[56] 马向东, 雷雨, 刘睿. 激光熔覆合金技术在模具修复中的应用[J]. 润滑与密封, 2010, 35(11): 98-101.

[57] 林鑫, 薛蕾, 陈静, 等. 钛合金零件的激光成形修复[J]. 航空制造技术, 2010, 34(8): 55-58.

[58] 杨胶溪, 闫婷, 王喜兵, 等. 汽轮机汽蚀叶片的激光宽带修复[J]. 应用激光, 2007, 27(3): 205-212.

[59] 姚成武, 黄坚, 吴毅雄. 轧辊表面激光强化与修复技术的应用现状[J]. 材料热处理, 2007, 36(8): 69-77.

[60] 郝石坚. 现代铸铁学[M]. 北京: 冶金工业出版社, 2004.

[61] 李荣德, 于海朋, 丁晖. 铸铁质量及其控制技术[M]. 北京: 机械工业出版社, 1998.

[62] 于娜红, 周杰. 灰铸铁缸体和缸盖渗漏的分析及解决措施[J]. 铸造, 2007, 56(12): 1328-1331.

[63] 汪振华, 尹志新, 刘志科. 灰铸铁贝氏体等温淬火研究[J]. 热加工工艺, 2006, 35(2): 40-41.

[64] 任凤章, 刘伟明, 李锋军, 等. 影响缸体用灰铸铁加工性能的因素[J]. 铸造技术, 2007 (10): 149-151.

[65] 曹庆峰, 王立志, 李琪. 齿轮箱体裂纹失效分析[J]. 热加工工艺, 2008, 37(17): 134-136.

[66] 佟鑫. 激光仿生耦合处理铸铁材料的抗热疲劳性能研究[D]. 吉林: 吉林大学, 2009.

[67] 方克明. 铸铁石墨形态和微观结构图谱[M]. 北京: 科学出版社, 2000.

[68] 朱张校. 工程材料[M]. 3版. 北京: 清华大学出版社, 2001.

[69] 子澍. 灰铸铁中石墨形态分级及其特点[J]. 铸造设备与工艺, 2009, 2: 53-54.

[70] Zhang Y, Chen Y, He R, et al. Investigation of tribological properties of brake shoe materials-phosphorous cast irons with different graphite morphologies[J]. Wear, 1993, 166(2): 179-186.

[71] Hatate M, Shiota T, Takahashi N, et al. Influences of graphite shapes on wear characteristics of austempered cast iron[J]. Wear, 2001, 251(1): 885-889.

[72] Ghaderi A R, Nili Ahmadabadi M, Ghasemi H M. Effect of graphite morphologies on the tribological behavior of austempered cast iron[J]. Wear, 2003, 255(1): 410-416.

[73] 孙智刚, 高伟, 肖福仁, 等. 石墨及碳化物对高镍铬无限冷硬铸铁轧辊耐磨性的影响[J]. 材料热处理学报, 2007, 28(B08): 94-97.

[74] Holmgren D. Review of thermal conductivity of cast iron[J]. International Journal of Cast Metals Research, 2005, 18(6): 331-345.

[75] Holmgren D, Källbom R, Svensson I L. Influences of the graphite growth direction on the thermal conductivity of cast iron[J]. Metallurgical and Materials Transactions A, 2007, 38(2): 268-275.

[76] Park Y J, Gundlach R B, Janowak J F, et al. Thermal fatigue resistance of gray and compacted graphite irons[J]. Giesserei-Prax. , 1986（12）: 161-170.

[77] Ziegler K R, Wallace J F. The effect of matrix structure and alloying on the properties of compacted graphite iron[J]. Transactions of the American Foundrymen's Society, 1984, 92: 735-748.

[78] 孙小捞, 贾利晓, 温广宇, 等. 石墨形态对铸铁热疲劳性能的影响[J]. 中国铸造装备与技术, 2006（4）: 13-15.

[79] 陈飞帆, 卢德宏, 蒋业华, 等. 石墨形态对铸铁热疲劳性能影响的研究[J]. 铸造技术, 2010（012）: 1576-1579.

[80] 宋武林, 谢长生. 珠光体灰口铸铁激光硬化层中石墨相行为研究[J]. 激光技术, 2004, 28（4）: 352-354.

[81] 史淑, 张连宝. 灰铸铁激光表面热处理中的碳的扩散[J]. 北京工业大学学报, 2000, 26（1）: 50-52.

[82] 刘喜明, 刘衍. 球铁表面激光重熔层及各物相区结合界面附近的相变特性[J]. 应用激光, 2007, 26（6）: 375-380.

[83] 朱祖昌, 俞少罗. 铸铁激光处理后石墨周围的显微组织[J]. 现代铸铁, 1997（1）: 6-9.

[84] Cheng X, Hu S, Song W, et al. A comparative study on gray and nodular cast irons surface melted by plasma beam[J]. Vacuum, 2014, 101: 177-183.

[85] Sun G, Zhou R, Li P, et al. Laser surface alloying of C-B-W-Cr powders on nodular cast iron rolls[J]. Surface and Coatings Technology, 2011, 205（8）: 2747-2754.

[86] 肖荣诗, 杨晓, 陈铠, 等. 同步送粉铸铁表面大功率 CO_2 激光熔覆工艺研究[J]. 中国表面工程, 1999, 12（4）: 20-21.

[87] 周家瑾, 王恩泽. 灰铸铁中石墨数量与形态对激光热处理硬化带的影响[J]. 铸造技术, 1991（5）: 45-48.

[88] 刘燕, 任露泉. 灰铸铁激光熔覆纳米 Al_2O_3 的性能研究[J]. 功能材料, 2005, 36（8）: 1265-1267.

[89] Freund L B, Suresh S. Thin Film Materials: Stress, Defect Formation and Surface Evolution[M]. Cambridge: Cambridge University Press, 2003.

[90] 徐滨士, 朱绍华. 表面工程理论与技术[M]. 北京: 国防工业出版社, 1999: 429-432.

[91] 马咸尧, 陶曾毅, 王爱华, 等. 激光熔覆陶瓷层结合强度测量与裂纹形成分析[J]. 中国激光, 1993, 20（1）: 73-77.

[92] 孔德军, 张永康, 鲁金中, 等. 基于 XRD 的薄膜界面结合强度实验研究[J]. 中国表面工程, 2007, 20（1）: 38-41.

[93] 曾丹勇, 周明, 於自岚, 等. 用激光技术定量测量涂层/基体的结合强度[J]. 应用激光, 2001, 21（4）: 240-242.

[94] 张宇, 楼淼, 吕香慧, 等. 涂层结合强度与涂层中超声声速间关系的实验研究[J]. 无损探伤, 2011, 35（4）: 34-36.

[95] 石广田, 石宗利. Ag-Cu/Ti 双层膜复合体系结合强度测试方法研究[J]. 兰州大学学报, 2002, 38（6）: 48-53.

[96] Anders H, Anders N. Adhesion testing of thermally sprayed and laser deposited coatings [J]. Surface and Coatings Technology, 2004, 184: 208-218.

[97] Barradas S, Molins R, Jeandin M. Application laser shock adhesion testing to the study of the interlamellar strength and coating-substrate adhesion in cold-sprayed copper coating of aluminum[J]. Surface & Coating Technology, 2005, 197（1）: 18-17.

[98] 李南, 贾安琦, 杨骏. 不同种类贵金属合金与镍铬合金的金瓷结合强度分析[J]. 西南国际医药, 2005, 15（1）: 27-28.

[99] 简小刚, 孙方宏, 际明, 等. 鼓泡法定量测量金刚石薄膜膜基界面结合强度的实验研究[J]. 金刚石与磨料磨具工程, 2003, （4）: 1-4.

[100] 李亚东, 杜庆柏, 冯孝中, 等. 火焰喷涂尼龙 1010 涂层强度测量方法研究[J]. 表面技术, 2004, 33（1）: 23-24.

[101] 杨班权, 陈光楠, 张坤, 等. 涂层/基体材料界面结合强度测量方法的现状与展望[J]. 力学进展, 2007, 37（1）: 67-69.

[102] 苏修梁, 张欣宇. 表面涂层与基体间的界面结合强度及其测定[J]. 电镀&污染控制, 2004, 24（2）: 6-11.

[103] 石永军. 激光热变形机理及复杂曲面板材热成形工艺规划研究[D]. 上海: 上海交通大学博士学位论文, 2007.

[104] ANSYS Theory Manual. Release 8. 0[M]. ANSYS Inc. , USA, 2003.

[105] 李振寰. 元素性质数据手册[M]. 石家庄: 河北人民出版社, 1985.

[106] 张宁, 郑洪亮, 陈凯, 等. 灰铸铁凝固数值模拟的形核率模型建立[J]. 铸造, 2010, 59(2): 165-168.

[107] 郭广文, 马惠霞, 张健. 铸铁的热物性测定及其与显微组织的关系[J]. 理化检验-物理分册, 2005, 41(1): 13-16.

[108] (美) 罗森诺, W M, 等. 传热学基础手册[M]. 齐欣, 译. 北京: 科学出版社, 1992.

[109] Nowotny S, Scharek S, Beyer E, et al. Laser beam build-up welding: Precision in repair, surface cladding, and direct 3D metal deposition[J]. Journal of Thermal Spray Technology, 2007, 16(3): 344-348.

[110] Amitesh K, Subhransu R. Effect of three-dimensional melt pool convection on process characteristics during laser cladding[J]. Computational Materials Science, 2009, 46(2): 495-506.

[111] Abderrazak K, Bannour S, Mhiri H, et al. Numerical and experimental study of molten pool formation during continuous laser welding of AZ91 magnesium alloy[J]. Computational Materials Science, 2009, 44(2): 3866-3874.

[112] 孔德军, 华同曙, 丁建宁. 激光淬火处理对灰铸铁残余应力与耐磨性能的影响[J]. 润滑与密封, 2009, 34(4): 51-54.

[113] 李玉龙. 利用三点弯曲试样测试材料动态起裂韧性的技术与展望[J]. 稀有金属材料与工程, 1993, 22(5): 12-18.

[114] 林浩, 郭学锋, 徐春杰, 等. HT300 合成铸铁力学性能及断裂特征[J]. 铸造, 2010, 59(9): 947-950.

[115] 师俊平, 韩冬, 汤安民. 复杂应力状态下球墨铸铁断裂实验的断口分析[J]. 西安理工大学学报, 2009, 25(3): 288-291.

[116] 董玲, 杨洗陈, 张海明, 等. 自由曲面破损零件激光再制造修复路径生成[J]. 中国激光, 2012, 39(7): 0703007.

[117] 高志玉, 孙跃军, 仲伟琛. 铸铁模具产生裂纹的原因及解决办法[J]. 铸造技术, 2006, 27(4): 313-315.

[118] Zhong M L, Liu W J, Ning G Q, et al. Laser direct manufacturing of tungsten nickel collimation component [J]. Journal of Materials Processing Technology, 2004, 147(2): 167-173.

[119] Pinkerton A J, Li L. Multiple-layer cladding of stainless steel using a high-powered diode laser: An Experimental investigation of the process characteristics and material properties [J]. Thin Solid Films, 2004, 453-454(1): 471-476.

[120] 宋武林, 谢长生. 珠光体灰铸铁激光硬化层中石墨相行为研究[J]. 激光技术, 2004, 28(4): 352-362.

[121] Tsay L W, Chung C S, Chen N C. Fatigue crack propagation of D6AC laser welds [J]. International Journal of Fatigue, 1997, 19(1): 25-31.

[122] Suresh S. Fatigue of Materials [M]. Peking: National Defence Industry Press, 1993.

[123] Paris P C, Erdogan F. A critical analysis of crack propagation laws [J]. Journal of Basic Engineering, 1963, 85(3): 528-534.

[124] Vollertsen F, Biermann D, Hansen H N, et al. Size effects in manufacturing of metallic components [J]. CIRP Annals - Manufacturing Technology, 2009, 58: 2587-2608.

[125] Scully K. Laser line heating [J]. Journal of Ship Production, 1987, 3(5): 4246-4255.

[126] Geiger M, Vollertsen F. The Mechanisms of Laser Forming [J]. CIRP Annals- Manufacturing Technology, 1993, 42: 304-307.

[127] Kruusing A. Underwater and water-assisted laser processing: Part 1-general features, steam cleaning and shock processing [J]. Optics and Lasers in Engineering, 2004, 41(2): 307-327.

[128] Kruusing A. Underwater and water-assisted laser processing: Part 2-etching, cutting and rarely used methods [J]. Optics and Lasers in Engineering, 2004, 41(2): 329-352.

[129] Guo Q C, Zhou H, Wang C T, et al. Effect of medium on friction and wear properties of compacted graphite cast iron processed by biomimetic coupling laser remelting process[J]. Applied Surface Science, 2009, 255(12): 6266-6273.

[130] Amikura K, Kimura T, Hamada M, et al. Copper oxide particles produced by laser ablation in water[J]. Applied Surface Science, 2008, 254(21): 6976-6982.

[131] Kumar N, Kataria S, Shanmugarajan B, et al. Contact mechanical studies on continuous wave CO_2 laser beam weld of mild steel with ambient and under water medium[J]. Mater. Design, 2010, 31(10): 3610-3617.

[132] Zhang X D, Ashida E J, Shono S, et al. Effect of shielding conditions of local dry cavity on weld quality in underwater Nd-YAG laser welding [J]. Journal of Materials Processing. Technology. , 2006, 174(7): 34-41.

[133] Cheng P, Yao Y L, Liu C, et al. Analysis and prediction of size effects on laser forming of sheet metal [J]. Journal of Manufacturing Processes, 2005, 7(9): 141-154.

[134] Bao J C, Yao Y L. Analysis and prediction of edge effects in laser bending [J]. Journal Manufacturing Science & Engineering, 2001, 123(1): 53-61.

[135] 刘秀波, 王华明. TiAl 合金激光熔覆复合材料涂层的高温抗氧化性能研究[J]. 材料热处理学报, 2005, 26(5): 32-35.

[136] 伊鹏, 刘衍聪, 石永军, 等. 浸没式液态介质对集体表面激光热加工的影响分析[J]. 中国激光, 2010, 37(10): 2642-2647.

[137] Yi P, Liu Y C, Shi Y J, et al. Effects analysis of ambient conditions on process of laser surface melting [J]. Optics & Laser Technology, 2011, 43(8): 1411-1419.

[138] Pan H, Liou F. Numerical simulation of metallic powder flow in a coaxial nozzle for the laser aided deposition process [J]. Journal of Materials Processing Technology, 2005, 168(2): 230-244.

[139] 熊征, 曾晓雁. 低阶模 CO_2 激光修复层形貌和质量的控制[J]. 华中科技大学学报(自然科学版), 2007, 35(1): 118-120.

[140] 钟敏霖, 刘文今. 国际激光材料加工研究的主导领域与热点[J]. 中国激光, 2008, 35(35): 1653-1659.

[141] 田乃良, 杜建荣, 周昌枳. 激光熔覆添加碳化钨的镍基合金应力状况研究[J]. 中国激光, 2004, 31(4): 123-126.

[142] Song W L, Zhang B D, Xiao C S, et al. Cracking susceptibility of a laser-clad layer as related to the melting properties of the cladding alloy [J]. Surface and Coatings Technology, 1999, 115(2): 270-272.

[143] 郝石坚. 现代铸铁学[M]. 北京: 冶金工业出版社, 2009.

[144] 杨永录, 张绪国, 宋岩, 等. 灰铸铁组织中不良石墨形态的金相分析及质量改进[J]. 金属加工: 热加工, 2012(1): 71-75.

[145] 伊鹏, 许鹏云, 殷克平, 等. 灰铸铁表面激光热修复过程建模及热响应分析[J]. 中国激光, 2013, 40(3): 100-109.

[146] 马庆芳. 实用热物理性质手册[M]. 北京: 中国农业机械出版社, 1986.

[147] Ghaderi A R, Nili Ahmadabadi M, Ghasemi H M. Effect of graphite morphologies on the tribological behavior of austempered cast iron[J]. Wear, 2003, 255(1): 410-416.

[148] 石永军. 激光热变形机理及复杂曲面板材热成形工艺规划研究[D]. 上海: 上海交通大学博士学位论文, 2007.

[149] 余廷, 邓琦林, 张伟, 等. 激光熔覆 NiCrBSi 合金涂层的裂纹形成机理[J]. 上海交通大学学报, 2012, 46(7): 1043-1048.

[150] 祝柏林, 胡木林, 陈俐, 等. 激光修复层开裂问题的研究现状[J]. 金属热处理, 2000, 25(7): 1-4.

[151] 王宏宇, 左敦稳, 陆英艳, 等. 镍基合金激光熔覆 MCrAlY 涂层基体裂纹的成因与控制[J]. 航空材料学报, 2008, 28(6): 57-60.

[152] Tong X, Zhou H, Jiang W, et al. Study on preheating and annealing treatments to biomimetic non-smooth cast iron sample with high thermal fatigue resistance[J]. Materials Science and Engineering: A, 2009, 513: 294-301.

[153] Zhang Y M, Drake R P, Glimm J. Numerical evaluation of the impact of laser preheat on interface structure and instability [J]. Physics of Plasmas, 2007, 14: 1-10.

[154] Danlos Y, Costila S, Liaoa H. Combining effects of ablation laser and laser preheating on metallic substrates before thermal spraying [J]. Surface and Coatings Technology, 2008, 18: 4531-4537.

[155] Alimardani M, Toyserkani E, Huissoon J P. On the delamination and crack formation in a thin wall fabricated using laser solid freeform fabrication process: An Experimental– numerical investigation [J]. Optics & Laser in Engineering, 2009, 47: 1160-1168.

[156] Costil S, Liao H, Gammoudi A, et al. Influence of surface laser cleaning combined with substrate preheating on the splat morphology [J]. Journal Thermal Spray Technology, 2005, 14: 31-38.

[157] Yi P, Liu Y C, Shi Y J, et al. Investigation on the process of laser surface melting using two sequential scans [J]. International Journal of Advanced Manufacturing, 2011, 57(1-4): 225-233.

[158] H Zhang, D Y Li. Determination of interfacial bonding strength using a cantilever bending method with *in situ* monitoring acoustic emission [J]. Surface & Coating Technology, 2002, (155): 190-194.

[159] 宋亚楠, 徐滨士, 王海斗, 等. 喷涂层结合强度测量方法的研究现状[J]. 工程与测试, 2011, 51(4): 1-8.

[160] Davim P J, Oliveira C, Cardoso A. Predicting the geometric form of clad in laser cladding by powder using multiple regression analysis(MRA)[J]. Materials and Design, 2008, (29): 554-557.

[161] GB/T 6396-2008. 复合钢板力学及工艺性能试验方法 [S].